果树病虫害诊断与防控原色图谱丛书

核桃病虫害诊断与防控原色图谱

邱　强　编著

河南科学技术出版社

·郑州·

图书在版编目（CIP）数据

核桃病虫害诊断与防控原色图谱 / 邱强编著 . — 郑州：河南科学技术出版社，2021.1

（果树病虫害诊断与防控原色图谱丛书）

ISBN 978-7-5725-0231-6

Ⅰ . ①核… Ⅱ . ①邱… Ⅲ . ①核桃—病虫害防治—图谱
Ⅳ . ① S436.64-64

中国版本图书馆 CIP 数据核字（2020）第 247490 号

出版发行：河南科学技术出版社
　　　　　地址：郑州市郑东新区祥盛街27号　　邮编：450016
　　　　　电话：（0371）65737028　　65788613
　　　　　网址：www.hnstp.cn
策划编辑：李义坤
责任编辑：杨秀芳
责任校对：翟慧丽
封面设计：张德琛
责任印制：朱　飞
印　　刷：河南博雅彩印有限公司
经　　销：全国新华书店
开　　本：850mm×1168mm　1/32　印张：4.5　字数：120千字
版　　次：2021年1月第1版　　2021年1月第1次印刷
定　　价：25.00元

如发现印、装质量问题，影响阅读，请与出版社联系。

序言

随着我国经济的快速发展和人民生活水平的不断提高，人们对果品的需求量逐年增加，这极大地激发了广大果农生产的积极性，也促进了我国果树种植面积空前扩大，果品产量大幅增加。国家统计局发布的《中国统计年鉴-2018》显示，我国果树种植面积为 11 136 千公顷（约 1.67 亿亩），果品年产量 2 亿多吨，种植面积和产量均居世界第一位。我国果树种类及其品种众多，种植范围较广，各地气候变化与栽培方式、品种结构各不相同，在实际生产中，各类病虫害频繁发生，严重制约了我国果树生产能力提高，同时还降低了果品的内在品质和外在商品属性。

果树病虫害防控时效性强，技术要求较高，而广大果农防控水平参差不齐，如果防治不当，很容易错过最佳防治时机，造成严重的经济损失。因此，迫切需要一套通俗易懂、图文并茂的专业图书，来指导果农科学防控病虫害。鉴于此，我们组织了相关专家编写了"果树病虫害诊断与防控原色图谱"丛书。

本套丛书分《葡萄病虫害诊断与防控原色图谱》《柑橘病虫害诊断与防控原色图谱》《猕猴桃病虫害诊断与防控原色图谱》《枣树病虫害诊断与防控原色图谱》《核桃病虫害诊断与防控原色图谱》5 个分册，共精选 288 种病虫害 800 余幅照片。在图片选择上，突出果园病害发展和虫害不同时期的症状识别特征，同时详细介绍了每种病虫的分布、形态（症状）特征、发生规律及综合防治技术。本套丛书内容丰富、图片清晰、科学实用，适合各级农业技术人员和广大果农阅读。

邱 强

2019 年 8 月

前言

我国核桃种植区域比较广泛，各地气候变化、栽培方式、品种结构差异较大，核桃病虫害发生种类和发生有所不同。但有些核桃病虫害对一些地方的核桃生产影响很大，例如核桃小吉丁虫近几年在豫西地区大范围为害，由于该害虫为害隐蔽且不易识别防治，造成核桃树大面积枯枝、大幅减产，使果农损失惨重；核桃炭疽病主要为害果实，流行年份使核桃品质严重下降。科学合理地识别、防治核桃病虫害，已成为核桃高产、优质管理的重要工作。为帮助果农和基层技术人员识别防治核桃病虫害，作者把近些年调查遇到的核桃病虫害种类及其防治技术汇集成册。

本图册包含了核桃 19 种病害和 32 种害虫的识别诊断与防治技术，以图文并茂的形式介绍了这些病虫害症状（为害状）、形态特征、识别要点、发生规律以及防控技术，在编写中力求科学性、先进性、实用性，以便于果农科学开展核桃病虫害防治，适合广大果农和基层技术人员阅读使用。

限于篇幅和作者经验，本书可能存在一些错误之处，希望读者多提宝贵意见。

邱 强

2019 年 11 月于三门峡

目录

第一部分　核桃病害

一　核桃腐烂病

核桃树腐烂病又名烂皮病、黑水病。主要发生于我国西北、华北各省及安徽等省，几乎所有核桃产区均有发生该病且受害较重的核桃林。病树的大枝逐渐枯死，严重时整株死亡。本病主要为害枝干和树皮，导致枝枯和结实能力下降，甚至全株死亡。本病在同一株上的发病部位以枝干分叉处、剪锯口和其他伤口处较多，同一果园中，结果核桃园比不结果核桃园发病多，老龄树比幼龄树发病多，弱树比壮树发病多。

【症状】

本病主要为害枝干的皮层。

核桃腐烂病（1）

1. **幼树主干和侧枝发病**　在幼树主干和侧枝上的病斑，初期近梭形，暗灰色，水渍状，微肿起，用手指按压可流出带泡沫状的液体，病皮变褐色，有酒糟味。后期病皮失水下陷，病斑上散生许多小黑点（病菌分生孢子器）。当空气潮湿时，小黑点上涌出橘红色胶质丝状物（病菌分生孢子角）。病斑沿树干的纵横方向发展，后期皮层纵向开裂，流出大量黑水。

核桃腐烂病（2）

核桃腐烂病病干剖面

2. 大树主干发病　大树主干上的病斑，初期隐蔽在韧皮部，故俗称"湿串皮"，有时许多病斑呈小岛状互相串连，周围集结大量白色菌丝层。一般从外表看不出明显的症状，当发现由皮层向外溢出黑色黏稠的液滴时，皮下已扩展为纵长数厘

核桃腐烂病为害状

米，甚至长达 20 ~ 30 厘米的病斑。后期，沿树皮裂缝流出黏稠的黑水，糊在树干上，干后发亮，好像刷了一层黑漆。

3. 大树枝条发病　枝条受害后常呈现枯梢，主要发生在营养枝、徒长枝及二三年生的大侧枝上。枝条出现的症状，一种是失绿，皮层充水与木质部剥离，随之迅速失水，枝条干枯，其上产生黑色小点；另一种是从剪锯口处发病，有明显的病斑，沿梢部向下蔓延，或向另一分枝蔓延，环绕一周，形成枯梢。

【病原】

病原为胡桃壳囊孢 *Cytospora jugiandicola* Eu. et Barth。

【发病规律】

病菌以菌丝体和分生孢子器在枝干病部越冬。翌年环境条件适宜时，病菌产生分生孢子，借助风雨、昆虫等传播，从冻伤、机械伤、剪锯口、嫁接口等处侵入。病斑扩展以 4 月下旬至 5 月为最盛。管理粗放、土层瘠薄、土壤黏重、地下水位高、排水不良、肥料不足，以及遭受冻害、盐碱害等引起树势衰弱的核桃园，发病常严重。

【防治方法】

1. **加强栽培管理**　增施肥料，对于土壤结构不良、土层瘠薄、盐碱重的核桃园，应先改良土壤，促进核桃树根系发育良好，并增施有机肥料，使树势生长健壮，提高抗病能力。

2. **合理修剪**　及时清理剪除病枝、死枝，刮除病皮，集中销毁。

3. **药剂防治**　早春核桃树发芽前，以及 6～7 月和 9 月，在主干和主枝的中下部喷 2～3 波美度石硫合剂，或 50%福美双可湿性粉剂 50～100 倍液，可铲除核桃腐烂病病菌。

4. **刮治病斑**　一般在早春进行，也可以在生长期发现病斑随时进行刮治。刮后用 5% 菌毒清水剂 40 倍液，或 5～10 波美度石硫合剂进行消毒处理。

5. **树干涂白防冻**　冬季日照较长的地区可进行树干涂白防冻，冬季前先刮净病斑，然后刷涂白剂，预防树干受冻。

二　核桃枝枯病

核桃枝枯病在国内大部分地区都有发生。在管理粗放的核桃园里常有发生，可引起树枝枯死，遭冻害或春旱年份发病重。一般发病株率20%～30%，严重的发病株率达到80%，引起大量枝条枯死，直接影响树体生长和核桃的产量、品质。因而，要及时防治以控制病情，促进树体发育，提高产量和品质，增加效益。

【症状】

病菌先侵染一年生枝梢，逐渐向下蔓延至枝干。被害皮层初为暗灰褐色，后为浅红褐色，最后变成深灰色。在枯枝上产生稀疏的小黑点，即病菌的分生孢子盘，湿度大时，从中涌出黑色短柱状或呈馒头形的分生孢子团。被害枝上叶片变黄，直至枯萎脱落。

核桃枝枯病为害树枝

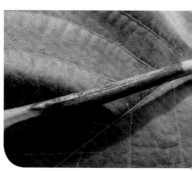

核桃枝枯病为害幼枝产生病斑

核桃枝枯病为害状（1）

核桃枝枯病为害状（2）

【病原】

病原菌的有性世代为 *Melanconium juglandis*，称核桃黑盘壳菌，属子囊菌门真菌。无性世代为 *Melanconium julandinum*，称核桃圆黑盘孢，属半知菌类真菌。

【发病规律】

病原菌以分生孢子盘或菌丝体在枝条、树干的病部越冬，翌年春季条件适宜时，产生的分生孢子借风雨、昆虫从伤口或嫩梢进行初次侵染，发病后又产生分生孢子进行再次侵染。5～6月发病，7～8月为发病盛期，至9月后停止发病。空气湿度大和多雨年份发病较重，受冻和抽条严重的幼树易感病。该菌属弱性寄生菌，生长衰弱的核桃树枝条易发病，春旱或遭冻害年份发病重。管理不善，肥料不足，树势衰弱的果园发病严重。

【防治方法】

1. **清洁果园**　清除病枯枝，集中处理，可减少感病来源。

2. **加强管理**　深翻、施肥，增强树势，提高抗病能力，树干刷涂白剂。涂白剂配制方法为生石灰 12.5 千克，食盐 1.5 千克，植物油 0.25 千克，硫黄粉 0.5 千克，水 50 千克。

3. **药剂防治**　于 4～5 月及 8 月各喷洒 50% 甲基硫菌灵可湿性粉剂 800 倍液，或 70% 代森锰锌可湿性粉剂 1 000 倍液，或 50% 异菌脲可湿性粉剂 1 500 倍液，都有较好的防治效果。

三　核桃白粉病

核桃白粉病在各核桃产区都有发生，是一种常见的叶部病害。除为害叶片外，还为害嫩芽和新梢。干旱季节发病率高，造成早期落叶，影响树势和产量。

【症状】

发病初期，叶面产生褪绿或黄色斑块，严重时叶片变形扭曲、皱缩，嫩芽不展开，并在叶片正面或反面出现白色、圆形粉层，即病菌的菌丝和无性阶段的分生孢子梗和分生孢子。后期在粉层中产生褐色至黑色小粒点，

核桃白粉病为害状

核桃白粉病为害叶片

核桃白粉病为害叶片引起叶片畸形

或粉层消失只见黑色小粒点，即病菌有性阶段的闭囊壳。

【病原】

病原菌为真菌子囊菌亚门的山田叉丝壳菌 *Microsphaera yamadai*（Salm.）Syd. 和核桃球针壳菌 *Phyllactinia fraxini*（de Candolle）Homma. 两种。

【发病规律】

病菌以闭囊壳在落叶或病梢上越冬。翌年春季气温上升，遇到雨水，闭囊壳吸水膨胀破裂，散出子囊孢子，随气流传播到幼嫩芽梢及叶上，进行初次侵染。发病后的病斑上多次产生分生孢子进行再侵染。秋季病叶上又产生黑色小粒点即闭囊壳，随落叶越冬。温暖气候、潮湿天气都有利于该病害发生。植株组织柔嫩，易感病，苗木比大树更易受害。

【防治方法】

清除病残枝叶，减少发病来源。发病初期可用 0.2 ~ 0.3 波美度石硫合剂喷洒。夏季用 50% 甲基硫菌灵可湿性粉剂 1 000 倍液，或 15% 粉锈宁可湿性粉剂 1 500 倍液喷洒。

四　核桃灰斑病

核桃灰斑病是一种常见叶部病害，8～9月盛发，一般为害较轻。

【症状】

本病主要为害叶片，病斑暗褐色，圆形或近圆形，干燥后中央灰白色，边缘黑褐色，上生黑色小点，即病原菌的分生孢子器。

核桃灰斑病叶片

核桃灰斑病病斑圆形或近圆形

核桃灰斑病病斑边缘黑褐色

核桃灰斑病叶片病斑

【病原】

病原菌为核桃叶点霉菌 *Phyllosticta juglandis*（DC.）Sacc.。分生孢子器散生，初期埋生，后突破表皮外露，褐色，扁球形。

【发病规律】

病菌以分生孢子器在病叶上越冬。翌年生长期，分生孢子随雨水传播，进行初次侵染和再侵染。雨水多的年份发病较重。

【防治方法】

1. 人工防治　清除落叶，集中深埋，减少发病来源。

2. 化学防治　发病前喷洒 80% 代森锰锌可湿性粉剂 800 倍液，或 25% 多菌灵可湿性粉剂 400 倍液。

五　核桃果仁霉腐病

核桃果仁霉腐病又称果仁霉烂病，主要发生在采收后的果仁上，是核桃采收后储运过程中的一种常见病害。

【症状】

发病初期，核桃外表多没有异常表现，只是重量减轻。剥开核桃壳后，可见果仁表面有霉状物产生，该霉状物因病原种类不同而异，有青绿色、粉红色、灰白色、灰黑色、黑褐色等多种类型。轻者果仁表面变黑褐色至黑色，出油量降低，品质变劣；重者果仁干瘪或腐烂、僵硬，并有苦味或霉腐味，甚至不能食用。

核桃果仁霉腐病

核桃果仁霉腐病初期症状

核桃果仁霉腐病后期症状

【病原】

果仁霉腐病可由多种病菌引起，多数为高等真菌。常见种类有：粉红聚端孢霉 *Trichothecium roseum*（Pers.）Link，黑曲霉 *Aspergillus niger* V. Tiegh，胶孢炭疽菌 *Colletotrichum gloeosporioides*（Penz.）Penz. et Sacc，青霉菌 *Penicillium* spp.，链格孢霉 *Alternaria* spp.，镰刀菌 *Fusarium* spp.，立枯丝核菌 *Rhizoctonia solani* Kühn 等。

【发病规律】

除胶孢炭疽菌（炭疽病病菌）外，均属于弱寄生性真菌，在自然界广泛存在。病菌多通过气流或风雨传播，从各种伤口（机械创伤、虫伤等）侵染为害。不同生态区域的核桃，具体病原种类存在较大差异。核桃采收后集中堆放，温度高、湿度大，或核桃潮湿，储藏场所温度高、通风不良，均易引起果仁霉腐病的发生。引起生长期病害的病菌通过果实带病进入果仁，采后果实受伤在条件适宜时向果仁扩展，导致果仁受害。

【防控技术】

1. 科学采收　在核桃绿皮逐渐变黄绿色、部分核桃绿皮开裂时进行采收。采收后在阴凉通风处堆集 2～3 天，然后及时脱青皮、晾晒干或热风干。采收时避免出现机械损伤，包装贮运前彻底剔除病、虫、伤果。

2. 贮运消毒　对包装箱、袋及贮运场所，将硫黄点燃熏蒸或用甲醛消毒。库房应保持阴凉、干燥、通风，以温度 15℃、相对湿度 70% 为宜，避免高温、潮湿。

六　核桃褐斑病

【症状】

核桃褐斑病又称白星病、绿缘褐斑病，主要为害叶片，有时也可为害嫩梢和果实。

核桃褐斑病受害叶片

1. 叶片受害　初期叶面上产生褐色小斑点，扩大后成近圆形或不规则形的黄褐色至褐色病斑，直径为 0.3 ~ 0.7 厘米，中部灰褐色，有时具不明显同心轮纹；外围有暗黄绿色或紫褐色边缘，病健分界线不明显；叶片背面病斑颜色较深。后期病斑表面产生许多小黑点，有时略呈同心轮纹状排列。严重时，叶片上散布许多病斑，甚至扩展成片，导致叶片变黄、枯焦，提早脱落。

2. 嫩梢受害　病斑呈黑褐色，长椭圆形或不规则形，稍凹陷，中央常有纵向裂纹，表面亦可产生小黑点。

3. 果实受害　多形成较小的褐色至黑褐色凹陷病斑，病斑扩展连片后，果实变黑腐烂。

核桃褐斑病病斑

【病原】

核桃盘二孢 *Marssonina juglandis*（Lib.）Magn.，属于半知菌亚门腔孢纲黑盘孢目。病斑表面的小黑点即为病菌的分生孢子盘。

【发病规律】

病菌主要以菌丝体和分生孢子盘在落叶上越冬，也可在枝梢病斑上越冬。翌年条件适宜时，越冬病菌产生分生孢子，通过风雨或昆虫传播，从皮孔或直接侵染进行为害。该病潜育期较短，果园内可发生多次再侵染，7～8月为发病盛期。降雨是导致该病发生流行的主要因素。多雨潮湿、叶面有水膜时有利于病菌的传播、侵染，病害发展蔓延迅速，发生为害较重。严重时引起大量叶片早期脱落，影响树势，降低果实产量及品质。

【防控技术】

1.**加强管理** 果园落叶后至发芽前，先树上、后树下彻底清除落叶，集中深埋，消灭病菌越冬场所。结合冬季修剪，尽量剪除有病枝梢，减少树上越冬病菌。合理修剪，促使树体通风透光，降低环境湿度。

2.**适当喷药**　核桃褐斑病零星发生，无须单独喷药。发生较重的果园，在病害发生初期开始喷药，15 天左右喷 1 次，连喷 2 次左右，可有效控制褐斑病的发生为害。药剂可选：70% 甲基硫菌灵可湿性粉剂 800 ～ 1 000 倍液，或 50% 多菌灵可湿性粉剂 600 ～ 800 倍液，或 10% 苯醚甲环唑水分散粒剂 1 500 ～ 2 000 倍液。

七　核桃炭疽病

核桃炭疽病是核桃生产中主要的果实病害，在我国各核桃产区时有发生，有的年份部分果园病果率很高，直接影响核桃的产量和品质。

【症状】

核桃炭疽病主要为害果实，有时也可为害叶片、枝条。

1. 果实受害　病斑初为褐色圆形小斑点稍凹陷，扩大后明显凹陷，呈黑褐色至黑色，近圆形或不规则形，表面常有褐色汁液溢出。随病斑发展，其表面逐渐产生呈轮纹状排列的小黑点，随后小黑点上逐渐

核桃炭疽病侵染果实

产生淡粉红色黏液，有时小黑点排列不规则，有时小黑点不明显，仅能看到淡粉红色黏液，有时黏液产生不明显。严重时果实上生有许多病斑，并常扩展连片，导致果实外表皮大部分变黑腐烂，后期腐烂果皮干缩、凹陷，形成黑色僵果或脱落，病果核仁干瘪甚至没有核仁。

2. 叶片受害　形成褐色至深褐色不规则形病斑：有的病斑沿叶缘四周1厘米宽扩展，有的沿侧脉两侧呈长条形扩展，后期中间变灰白色，可形成穿孔；严重时，叶片枯黄脱落。

核桃炭疽病病果

核桃炭疽病果实初期病斑

核桃炭疽病果实初期病斑与扩展
病斑

核桃炭疽病果实扩展病斑

核桃炭疽病果实多个病斑愈合
连片

核桃炭疽病叶片初期病斑

核桃炭疽病叶片病斑

核桃炭疽病为害状

3.叶柄及嫩枝受害　受害叶柄和嫩枝形成长条形或不规则形黑褐色病斑，后变灰褐色；嫩枝受害常从顶端向下枯萎，叶片呈焦黄色脱落。

【病原】

病原为胶孢炭疽菌 *Colletotrichum gloeosporioides*（Penz.）Penz. et Sacc.，属于半知菌亚门腔孢纲黑盘孢目，病斑表面的小黑点为分生子盘，淡粉红色黏液为分生孢子块。该病菌寄主非常广泛，除为害核桃外，也常侵害苹果、梨、葡萄、桃、枣、柿、板栗、柑橘等多种果树及刺槐等林木。

【发病规律】

病菌主要以菌丝体和分生孢子盘在病僵果、病叶及芽上越冬，亦可在其他寄主植物的病组织上越冬。翌年条件适宜时越冬病菌产生大量分生孢子，通过风雨或昆虫传播，从伤口或自然孔口侵染，也可直接侵染。该病潜育期很短，一般为 4～9 天，条件适宜时可发生多次再侵染，所以流行性较强，为害较重。同时，病菌具有潜伏侵染特性，多表现为幼果期侵入、中后期发病，外观无病的果实、枝条、叶片，可能带有潜伏炭疽病菌。炭疽病的发生时期各地不同，四川多从 5 月中旬开始发病，6～8 月为发病盛期；江苏、河南、山东等地 6 月下旬或 7 月初开始发病；河北、辽宁等省多从 8 月开始发病。该病发生早晚及轻重与当年降雨情况有密切关系，降雨早、雨量多、湿度大，病菌孢子萌发侵染早，病害发生早、蔓延快，发病则重。

【防控技术】

1. 加强栽培管理　新建核桃园时，尽量选择地势较高、通风透光良好的地块，选用优质抗病品种，合理确定栽植果实密度。避免与苹果、梨、桃等炭疽病菌经常为害的果树及林木相邻栽植或混栽。生长期科学修剪，促使果园通风透光良好，雨季注意及时排水，降低园内环境湿度，创造不利于病害发生的生态条件。

2. 搞好果园卫生　发芽前彻底清除树上、树下的病僵果及落叶，集中深埋，消灭病菌越冬场所，减少病菌初侵染来源。生长季节及时剪除病果，集中深埋，减少园内菌量，防止病菌扩散为害。往年病害发生较重的核桃园，在发芽前喷施 1 次铲除性杀菌剂，杀灭园内残余越冬病菌。效果较好的药剂有 41％甲硫·戊唑醇悬浮剂 400 ～ 500 倍液、60％铜钙·多菌灵可湿性粉剂 350 倍液、7％硫酸铜钙可湿性粉剂 450 倍液、45％代森铵水剂 300 倍液等。

3. 喷药防控　往年病害发生较重的核桃园，从落花后 20 天左右开始喷药，或从雨季到来前开始喷药，15 天左右喷 1 次，连喷 3 ～ 5 次。常用有效药剂有 450 克/升咪鲜胺乳油 1 500 倍液，或 10％苯甲环唑水分散粒剂 2 000 倍液，或 70％甲基硫菌灵可湿性粉剂或 500 克/升甲基硫菌灵悬浮剂 1 000 倍液，或 25％溴菌清可湿性粉剂 800 倍液，或 430 克/升戊唑醇悬浮剂 3 500 倍液，或 250 克/升吡唑醚菌酯乳油 1 500 倍液等。

八　核桃溃疡病

核桃溃疡病在我国许多核桃产区均有发生，病树生长缓慢、衰弱，常见病枯枝，严重时导致整株死亡。

【症状】

溃疡病主要为害枝干，有时也可为害枝条。病斑呈梭形或长条形，病组织变黑褐色坏死、腐烂，有时深达木质部，最后病斑干缩凹陷、多处开裂，表面逐渐散生出许多小黑点。

核桃溃疡病多年生病斑

核桃溃疡病梭形病斑

【病原】

病原有性阶段为葡萄座腔菌 *Botryosphaeria dothidea*（Mouget Fr.）Ceset de Not.，属于子囊菌亚门腔菌纲格孢腔菌目，无性时期为聚生小穴壳菌 *Dothiorella gregaria* Sacc.，属于半知菌亚门腔孢纲球壳孢目。病斑表面的小黑点为病菌的子囊腔或分生孢子器，灰白色黏液为子囊孢子或分生孢子。

【发病规律】

病菌主要以菌丝体、分生孢子器与分生孢子、子囊腔与子囊孢子在病组织内越冬。翌年条件适宜时病斑表面溢出大量病菌孢子，通过风或雨水传播，从伤口（日灼伤、机械伤、冻害伤等）或皮孔侵染为害。该病具有潜伏侵染现象，树势壮时病菌处于潜伏状态，当树势衰弱或生理失调时，病菌开始扩展为害，形成病斑。潜育期一般为 15 ~ 60 天，从发病到形成分生孢子器需 60 ~ 90 天。树势衰弱、枝干伤口多是诱发溃疡病发生较重的主要因素，土壤瘠薄、土质黏重、质地板结、排水不良、地下水位偏高、管理粗放及冻害较重的果园病害发生较重。核桃园周围栽植杨树、刺槐及苹果树时，病菌可以相互传染，病害发生较多。树干阳面病斑多于阴面。不同核桃品种抗病性表现有一定差异。

【防控技术】

1. 加强管理　增施农家肥等有机肥，按比例科学施用速效化肥，改良土壤，增强树势，提高树体抗病能力。雨季注意排水，地下水位偏高的地区尽量采用高垄或台地。早春树干涂白，防止发生冻害及日灼伤。进入秋季后控制浇水，防止发生冻害；早春及时灌水，提高树体抗病能力。

2. 病斑治疗　在核桃流水期过后发现病斑及时进行防治，将患病组织彻底刮除干净，而后涂药保护伤口。有效药剂同核桃腐烂病病斑涂抹用药。

3. 药剂防治　彻底剪除病枯枝，集中处理。发芽前全园喷施 1 次铲除性药剂，如 41% 甲硫·戊唑醇悬浮剂 400 ~ 500 倍液，或 60% 铜钙·多菌灵可湿性粉剂 350 倍液，或 7% 硫酸铜钙可湿性粉剂 450 倍液，或 45% 代森铵水剂 300 倍液等，防治树体表面的越冬病菌。溃疡病发生严重果园，也可使用上述药剂在 8 月涂刷主干及大侧枝 1 次。

九　核桃轮斑病

【症状】

轮斑病主要为害叶片，多从叶缘开始发病。初为褐色至深褐色小斑点，扩展后形成黑色病斑，叶缘病斑呈半圆形，叶中央病斑近圆形，平均直径 20 毫米，有明显深浅交错的同心轮纹，病斑背面颜色较深。潮湿时，病斑背面产生墨绿色至黑色霉状物。病斑多时，常相互连成不规则大斑，严重时叶片焦枯脱落，对果实产量和品质有一定影响。

核桃轮斑病病叶病斑（1）

核桃轮斑病病叶病斑（2）

核桃轮斑病为害状

核桃轮斑病严重为害状

【病原】

链格孢霉 *Alternaria alternata*（Fr.）Kelssler，属于半知菌亚门丝孢纲丝孢目。病斑表面产生的霉状物即为病菌的分生孢子梗和分生孢子。

【发病规律】

病菌可能以菌丝体及分生孢子在病落叶上越冬，翌年条件适宜时产生分生孢子，通过风雨或气流传播，从皮孔或直接侵染叶片。初侵染发病后进行再侵染，再侵染在果园内可发生多次。夏季多雨年份有利于病菌的传播、侵染，病害发生较重，阴雨潮湿环境下，发病较重，土壤瘠薄、管理粗放、树势衰弱的果园轮斑病较常见。

【防控技术】

1. **越冬菌源**　及时清除病叶，搞好果园卫生，消灭越冬菌源。

2. **药剂防治**　发病初期及时喷药防治，可以用下列药剂：1.5% 多抗霉素可湿性粉剂，有效成分用药量 50～75 毫克 / 千克，喷雾；70% 甲基硫菌灵悬浮剂 800 倍液 +70% 代森锰锌可湿性粉剂 600 倍液；25% 戊唑醇可湿性粉剂 2 500 倍液；10% 苯醚甲环唑水分散颗粒剂 2 500 倍液。

十 核桃小斑病

核桃小斑病又称角斑病，在我国部分地区为害比较严重。

【症状】

本病主要为害叶片，也可为害叶柄。

1. 叶片受害 初期在叶片上产生褪绿小斑点，后发展为褐色坏死病斑，圆形至椭圆形或多角形；后期，病斑中部变灰白色，边缘褐色，大小多为 1～2 毫米。通常叶片上病斑数量较多，叶片上有数十个病斑，严重时病叶卷曲、干枯，早期脱落。

核桃小斑病叶背面为害状　　　核桃小斑病叶正面为害状

2. 叶柄受害 症状表现与叶片上相似，凹陷明显，病斑多为椭圆形、梭形或长条形，严重时叶柄表面布满病斑，可导致叶片干枯、脱落。

核桃小斑病为害叶片 核桃小斑病为害状

【病原】

链格孢菌 *Alternaria* sp., 属于半知菌亚门丝孢纲丝孢目, 是一种弱寄生性真菌。

【发病规律】

病菌可能以菌丝体及分生孢子在病残体上越冬, 翌年条件适宜时产生分生孢子, 通过风雨或气流传播, 从皮孔或直接侵染叶片。初侵染发病后进行再侵染, 再侵染在果园内可发生多次。核桃生长中后期该病发生较多, 树势衰弱、管理粗放果园发病较重, 多雨潮湿有利于病害的发生发展。

【防控技术】

1. **越冬菌源** 及时清除病叶, 搞好果园卫生、消灭越冬菌源。

2. **药剂防治** 发病初期及时喷药防治, 可以用下列药剂: 1.5% 多抗霉素可湿性粉剂, 有效成分用药量 50 ~ 75 毫克／千克, 喷雾; 70% 甲基硫菌灵悬浮剂 800 倍液 +70% 代森锰锌可湿性粉剂 600 倍液; 25% 戊唑醇可湿性粉剂 2 500 倍液; 10% 苯醚甲环唑水分散颗粒剂 2 500 倍液。

十一　核桃干腐病

核桃干腐病主要发生在我国南方核桃产区，北方核桃产区偶有发生，本病可导致树势衰弱，产量降低，表果实腐烂，甚至植株枯死，是核桃生产中的重要病害。

【症状】

干腐病主要为害 3 ~ 7 年生幼树主干和侧枝，也可为害枝梢及果实。大枝干受害，主要发生在根主颈至 2 ~ 3 米处及侧枝的向阳面。初期病斑多以皮孔为中心，黑褐色，近圆形，微隆起，手指按压病斑处可流出泡沫状液体，有酒糟气味。后病斑逐渐扩大，常数个病斑连成梭形或不规则形，甚至达枝干的半边或大半边。病部皮层变褐色枯死，甚至腐烂，内侧木质部变灰褐色。当病斑环绕枝干一周，则导致枝上部枯死。后期病斑干缩凹陷，表面逐渐散生出许多粒状小黑点，潮湿时其上可溢出灰白色黏液。枝梢受害，初期病斑呈黑褐色、凹陷，后迅速扩展导致整个枝梢

核桃干腐病为害树干

核桃干腐病侵染果实

变黑褐色枯死，表面亦可散生粒状小黑点。

果实发病，初期病斑近圆形，暗褐色，大小不等。后病斑逐渐扩大，表面凹陷，严重时达整个果实。病斑表面亦可散生出许多小黑点。病果容易脱落。

【病原】

核桃囊孢壳 *Physalospora juglandis* Syd. eu Hara.，属于子囊菌亚门核菌纲球壳菌目；自然界常见其无性阶段，为大茎点霉属 *Macropoma* sp.，属于半知菌亚门腔孢纲球壳孢目。病斑表面的小黑点即为病菌的子座组织与分生孢子器。

【发病规律】

病菌主要以菌丝体和分生孢子器在病斑组织内越冬。翌年条件适宜时释放出病菌孢子，通过风雨传播，从皮孔或伤口侵染为害。带病苗木与接穗能进行远距离传播。菌丝在韧皮部潜育扩展，逐渐形成病斑，人工接种潜育期 5 ~ 10 天。夏、秋季新病斑上产生分生孢子，通过风雨传播，进行再侵染。土壤瘠薄、质地黏重、中性偏酸及偏施氮肥土壤、高温干旱天气有利于病害发生，栽植后缓苗期或树势衰弱，病害发生较重、枝干虫害较重、伤口多有利于病菌侵染，管理粗放的果园常见干腐病发生。

【防控技术】

1. **加强管理**　新建核桃园时，尽量选择土层深厚、疏松肥沃、排灌方便的中性地块栽植，并增施农家肥等有机肥，按比例科学使用速效化肥，培育壮树，提高树体抗病能力。生长期加强病虫害管控，特别是枝干害虫和导致早期落叶的病虫。早春和秋后注意树干涂白，预防发生日灼及冻害。结合修剪，彻底剪除枯死枝、病伤枝，并集中处理。

2. **治疗病斑**　发现病斑后及时进行治疗，并涂药保护伤口。

具体方法及有效药剂同核桃腐烂病的病斑治疗。

3. 喷药防控　结合其他病害防控，注意药剂清园，即在发芽前全园喷施 1 次铲除性药剂，防治树体上的越冬病菌。有效药剂如 77％硫酸铜钙可湿性粉剂 400 ～ 500 倍液，或 49％甲硫·戊唑醇悬浮剂 400 ～ 500 倍液，或 60％铜钙·多菌灵可湿性粉剂 300 ～ 400 倍液，或 3 ～ 5 波美度石硫合剂等。往年病害严重果园，5 ～ 6 月再喷药 1 ～ 2 次可防控病害，有效药剂如：70％甲基硫菌灵可湿性粉剂或 500 克/升悬浮剂 1 000 倍液，或 430 克/升戊唑醇悬浮剂 3 000 ～ 4 000 倍液，或 10％苯醚甲环唑水分散粒剂 1 500 ～ 2 000 倍液等。

十二　核桃轮纹病

【症状】

核桃轮纹病主要为害主干、主枝，形成褐色坏死斑，严重时导致树势不良。病斑以皮孔为中心开始发生，先产生瘤状突起，后逐渐形成近圆形褐色坏死斑，病斑边常产生裂缝。在衰弱树或衰弱枝上，病扩展较快，突起不明显，多表现为凹陷坏死斑。翌年病斑继续向外扩展，在一年生病斑外形成环状坏死。如此，病斑可连续扩展多年。病斑后期或在两年生病斑上，逐渐散生出不规则小黑点。

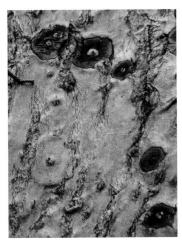

核桃轮纹病病斑

核桃轮纹病树干病斑

核桃轮纹病树干后期病斑

【病原】

大茎点霉 *Macrophoma* sp.，属于半知菌亚门腔孢纲球壳孢目。病斑表面的小黑点即为病菌的分生孢子器。

【发病规律】

病菌以菌丝体和分生孢子器在枝干病斑内越冬，次年条件适宜时小黑点上涌出分生孢子，通过风雨从皮孔或伤口染病。多雨潮湿有利于病菌孢子的释放、传播及侵染，树势衰弱是导致该病发生的主要因素。由于轮纹病是苹果树和梨树上的重要枝干病害，所以在核桃树与苹果树或梨树混栽及间套作的果园，该病发生较多。

【防治方法】

轮纹病的防治，应在加强栽培管理、增强树势、提高树体抗病能力的基础上，采取以铲除枝干上菌源和生长期喷药保护为重点的综合防治。在清除树体病原的基础上，要连续几年进行综合防治，才能有效地控制为害。

1. 苗木防病　不从病区引进苗木；从病区引进的苗木，应注意轮纹病防治。

2. 减少病原　生长期内要随时剪除病枯枝、干桩等，对不能刮治的病枝也要一次性疏除，病枝远离果园深埋，减少病原。发芽前可喷 1 次 2～3 波美度石硫合剂。

3. 适时喷药　5～6 月初第一次降水达到树皮湿透时，潜藏在树干韧皮部的轮纹病菌分生孢子器全部开口散孢，出现散孢高峰。此时在果树病枝干上会出现众多的细小孔隙散发病菌孢子，要在雨后立即使用杀菌剂喷雾，可以防治散发出来的病菌孢子。此时用药，药剂很快通过大量的孔隙渗透树皮内部，抑制轮纹病菌菌丝生长，有利于促使老病粗皮脱落。在雨季结合对叶部病害的防控，着重对枝干进行喷药。药剂可选用氟硅唑、甲基硫菌灵、代森锰锌等。

十三　核桃木腐病

【症状】

在衰老树的枝干上，木腐病为害老树皮，造成树皮腐朽和脱落，使木质部露出，并逐渐向周围健树皮上蔓延，形成大型条状溃疡斑，削弱树势，重者引起树死亡。

核桃木腐病

【病原】

裂褶菌 *Schizophyllum commune* Fr.，属担子菌亚门真菌。

【发病规律】

病原在干燥条件下，菌褶向内卷曲，子实体在干燥过程中收缩，起保护作用，经长期干燥后遇到合适温湿度，表面茸毛迅速吸水恢复生长能力，在数小时内即能释放孢子进行传播蔓延。

【防治方法】

1. **农业防治** 见到树上长出子实体后，应立即刮除，集中深埋；及早刨除病残树；对树势弱或树龄高的核桃树，应用配方施肥技术，以恢复树势，增强抗病力。

2. **药剂防治** 保护树体、减少伤口，是预防本病的有效措施，锯口要涂抹药剂，以促进伤口愈合，减少病菌侵染。用1%硫酸铜液消毒后再涂倍式波尔多液或煤焦油保护。

十四　核桃细菌性黑斑病

核桃细菌性黑斑病又称"黑腐病"，是为害核桃果实和叶片的主要病害，在全国各产区都有分布，除为害核桃外，还可侵染多种胡桃属植物。常造成核桃幼果腐烂，引起落果。

【症状】

本病主要为害幼果和叶片，也可为害嫩枝及花序。

1. **果实**　幼果受害时，果面发生褐色小斑点，无明显边缘，以后逐渐扩大成片，变黑，并深入果肉，使整个果实连同核仁全部变黑腐烂，造成果实脱落。较成熟的果实受侵后，往

核桃细菌性黑斑病果实病斑

往只局限在外果皮或最多延及中果皮变黑腐烂，病皮脱落后，使内果皮外露，核仁表面完好，但出油率大为下降。

2. **叶片**　叶片受侵后，首先在叶脉上出现近圆形及多角形的小的褐色斑，严重时能互相愈合，病斑外围有水渍状晕圈，少数在后期出现穿孔现象，病叶皱缩畸形。

3. **叶柄和枝条**　叶柄、嫩枝上病斑长条形，褐色，稍凹陷，严重时因病斑扩展而包围枝条将近一圈时，病斑以上枝条枯死。

4. 花序 花序受侵后，产生黑褐色水浸状病斑。

【**病原**】

病原菌为 *Xanthomonas campestris* pv. *juglandis*（Pierce）Dowson，是一种细菌。

【**发病规律**】

病原细菌在枝梢的病斑里或芽里越冬，翌年春季借风雨传播到叶、果及嫩枝上为害。病菌能侵害花粉，因此，花粉也能传带病菌。昆虫也是病菌的媒介。病菌由气孔、皮孔、蜜腺及各种伤口侵入。在寄主表皮潮湿，温度在 4 ~ 30 ℃时，能侵害叶片；在 5 ~ 27 ℃时，能侵害果实。潜育期为 5 ~ 34 天，在果园里潜育期一般为 10 ~ 15 天。核桃在开花期及展叶期最易感病，夏季多雨则病害严重。核桃举肢蛾蛀食后的虫果伤口处，极易受病菌侵染。

【**防治方法**】

1. 清除菌源 结合修剪，剪除病枝梢及病果，并捡拾地面落果，集中深埋，以减少果园中病菌来源。

2. 药剂防治 在虫害严重地区，特别是核桃举肢蛾严重发生的地区，应及时防治害虫，从而减少伤口和传带病菌的媒介，达到防病的目的。黑斑病发生严重的核桃园，分别在展叶时（雌花出现之前）、落花后，以及幼果期各喷 1 次（1 ∶ 0.5 ∶ 200）波尔多液。此外，落花后 7 ~ 10 天为侵染果实的关键时期，可喷施下列药剂：1%中生菌素水剂 200 ~ 300 倍液，或 30%琥胶肥酸铜可湿性粉剂 600 倍液，或 50%氯溴异氰尿酸可溶性粉剂 1 500 倍液等，每隔 10 ~ 15 天喷 1 次，连喷 2 ~ 3 次。

十五　核桃缺钾症

【症状】

表现为基部叶和中部叶的叶缘失绿呈黄色，常向上卷曲。缺钾较重时，叶缘失绿部分变褐枯焦，严重时整叶枯焦，挂在枝上，不易脱落。

核桃缺钾症初期叶片边缘褪绿变黄

【发生条件】

在细沙土、酸性土以及有机质少的土壤的果园，易缺钾；轻度缺钾土壤的果园施氮肥后，易缺钾。

【防治方法】

秋季施基肥时，注意施充足的有机肥，配合施含钾的复合肥等。

十六　核桃缺铁黄叶症

核桃缺铁黄叶症又叫褪绿症，我国各核桃产区都有发生，在盐碱土或钙质土的果区更为常见，有些核桃园表现明显。

【症状】

缺铁黄叶症主要表现在新梢的幼嫩叶片上。开始叶肉先变黄，而叶脉两侧仍保持绿色，致使叶面呈绿色网纹状失绿。随病势发展，叶片失绿程度加重，出现整叶变为白色，叶缘枯焦，引起落叶。严重缺铁时，新梢顶端枯死。病树所结果实仍为绿色。

核桃缺铁黄叶（1）　　　　　　　　　核桃缺铁黄叶（2）

【病因】

由于铁元素在植物体内难以转移，所以缺铁症状多从新梢顶端的幼嫩叶开始显现。铁元素对叶绿素的合成有催化作用，又是构成呼吸酶的成分之一。缺铁时，叶绿素合成受到抑制，植物表现为褪绿、黄化甚至白化。

【发生规律】

从土壤的含铁量来说，一般果园土壤并不缺铁，但是在盐碱较重的土壤中，可溶性的二价铁转化为不可溶的三价铁，不能被植物吸收利用，使果树表现为缺铁。可以说，一切加重土壤盐碱化程度的因素，都能促使缺铁症状的出现。如干旱时地下水蒸发，盐分向土壤表层集中；地下水位高的洼地，盐分随地下水积于地表；土质黏重，排水不良，不利于盐分随灌溉水向下层淋溶等，黄叶症都易发生。

【防治方法】

改良土壤、释放被固定的铁元素，是防治缺铁黄叶症的根本性措施；适当补充可溶性铁，可以治疗缺铁黄叶症。

1. 改土治碱 增施有机肥、种植绿肥等增加土壤有机质含量的措施，可改变土壤的理化性质，释放被固定的铁元素。改土治碱，如挖沟排水，降低地下水位；掺沙改黏，增加土壤透水性等，是防治缺铁黄叶症的根本措施。

2. 喷施含铁剂 春季生长期发病，应喷 0.3% 硫酸亚铁 +0.3% ～ 0.5% 尿素混合液 2 ～ 3 次，或 0.5% 黄腐酸铁溶液 2 ～ 3 次。

3. 增施铁肥 在有机肥中加硫酸亚铁，捣碎施肥，混匀，开沟施入树盘下。一般 10 年生结果树，株施 250 克左右即可。

十七　核桃叶缘焦枯病

核桃叶缘焦枯病是一种生理性病害，受害核桃园达 20% ~ 30%。叶片变黄枯死，核仁干瘪或空仁，产量降低，品质变劣。

【症状】

叶缘焦枯病主要在叶片上表现明显症状，多从叶尖、叶缘开始发生。发病初期，叶尖、叶缘变黄、变褐，病健处区分不明显，病斑逐渐枯死、焦枯，并逐渐向叶主脉处蔓延。复叶顶部的叶最先表现症状。有的植株少数枝条上的叶片发病，有的则为全株叶片受害。病叶边缘焦枯，光合效能下降。严重时导致果实变黑干缩，核仁干瘪，产量降低，品质变劣。

核桃叶缘焦枯（1）　　　　　　　　核桃叶缘焦枯（2）

【发生规律】

叶缘焦枯病是一种生理性病害，该病多从 6 月初开始发生，7 月底至 8 月初达发病高峰。高温、干旱缺水季节病害发生较重，板结土壤、碱性土壤、水涝土壤有利于病害发生。

【**防控技术**】

1.**土肥管理** 增施农家肥、绿肥等有机肥及微生物肥料，按比例科学施用微量元素肥料，改良土壤。

2.**水分管理** 早春及干旱高温季节及时科学灌水，培强树势，提高树体抗逆能力。雨季及时排涝，防止积水。

十八　核桃日灼病

日灼病又称日烧病、日灼伤，主要在果实和叶片上发生。

【**症状**】

1.果实受害　初期在果面向阳处产生淡黄色近圆形斑块，边缘不明显；随日灼伤加重，斑块逐渐变为黄褐色，后成褐色至黑褐色坏死斑，圆形或近圆形，稍凹陷，边缘常有一黄绿色至黄褐色晕。后期病斑呈黑褐色至黑色坏死，潮湿时表面常有黑色霉状物腐生。

2.叶片受害　初期产生淡黄白色至淡绿色不规则斑块，没有明显边缘，随病情加重，病变组织渐变为淡褐色，枯死，且病斑范围逐渐扩大，逐渐形成淡褐色至褐色焦枯斑，甚至枯斑破碎穿孔。

核桃日灼病叶片病斑

核桃日灼病果实症状

【发生规律】

本病是由于在烈日暴晒下，叶片和果实表面局部受高温失水，发生日灼伤害所致。品种间发生日灼的轻重程度有所不同。

干旱失水和高温致局部组织死亡是造成日灼病发生的重要原因。夏季强光直接照射果面，使局部蒸腾作用加剧，温度升高而发生灼伤。修剪过重、缺乏叶片遮阳，会加重日灼病发生。树冠外围果发病重，内膛果发病轻或无病。树势强健，枝叶量大，负载合理，发病轻；树势偏弱，枝叶量少，负载量过大，则发病严重。

【防治方法】

1. 加强肥水管理　叶面喷布磷酸二氢钾或氯化钾及其他光合微肥等，提高叶片质量，降低蒸腾作用，促进有机物的合成运输和转化，促进树体健壮生长，可减少日灼病的发生。

2. 及时修剪　及时合理修剪，疏花疏果，合理负载，使果实能够得到遮阴。

十九　核桃冻害

【症状】

核桃冻害主要是指冬后晚霜冻害，即冬后气温回升，核桃发芽后、气温又剧烈降低而对新生幼嫩组织造成的冻害。冻害轻重因降温程度及低温持续时间长短而异。常见冻害状为叶片畸形、嫩梢枯死、雄花序及雌花等幼嫩组织冻伤或枯死；一般树体不会死亡，当温度回升后隐芽能继续萌发，进行营养生长，只是导致树势衰弱，当年产量降低或绝产。

核桃冻害叶片变黑色（1）

核桃冻害叶片变黑色（2）

【病因及发生特点】

冻害是一种自然灾害，相当于生理性病害，由环境温度急剧过度降低造成。当环境温度急剧下降幅度超过树体承受能力时，即造成冻害发生。冻害发生与否及发生轻重受许多因素影响，如低洼处冻害重、高处冻害轻；靠近池塘或水沟处冻害重，靠近村庄或高大树木处冻害轻；树势衰弱冻害重、树势健壮冻害轻等。另外，不同品种抗冻能力也存在较大差异。

【**防控技术**】

1. **加强栽培管理**　新建果园时，注意选择适宜当地气候条件的品种，特别注意不能盲目从南方向北方引种。增施农家肥等有机肥，按比例科学施用速效化肥，培育壮树，提高树体抗逆能力。

2. **适当熏烟**　在核桃发芽开花阶段，注意收听、收看天气预报，当有寒流到来时，在果园内堆放柴草熏烟，适当提高园内树体间温度，减弱寒流为害。在寒流到来前进行熏烟，并应从上风头开始点燃。

3. **其他措施**　根据天气预报，当预测将有寒流侵袭时，对树体喷施 0.003% 丙酰芸薹素内酯水剂 2 500 ~ 3 000 倍液，或尿素 400 倍液 + 糖 300 倍液等，适当补充树体营养并调节树体抗逆能力，能在一定程度上减弱寒流为害。

第二部分　核桃害虫

一　核桃举肢蛾

核桃举肢蛾 *Atrijuglans hetaohei* Yang，属于鳞翅目举肢蛾科。

【分布与寄主】

本虫分布于河北、河南、山西、陕西、甘肃、四川、贵州等省核桃产区。河北省太行山及燕山山脉的核桃产区，山西省的晋东南、晋中和晋北，陕西省的关中、陕南等核桃产区发生普遍，为害严重。寄主植物以核桃为主，亦能为害核桃楸。

【为害状】

核桃举肢蛾以幼虫蛀入核桃果内（总苞）以后，蛀孔出现水珠，初期透明，后变为琥珀色。随着幼虫的生长，纵横穿食为害，被害的果发黑，并开始凹陷，核桃仁（子叶）发育不良，表现

核桃举肢蛾为害果变黑（1）

核桃举肢蛾为害核桃果变黑（2）

核桃举肢蛾幼虫在核桃果实内为害状

干缩而变黑，故称为"核桃黑"或黑核桃。有的幼虫早期侵入硬壳内蛀食为害，使核桃仁枯干。有的蛀食果柄间的维管束，引起早期落果，严重影响核桃产量。

【形态特征】

1. **成虫**　体长 5 ~ 8 毫米，翅展 12 ~ 14 毫米，黑褐色，有光泽。翅狭长，缘毛很长；前翅端部 1/3 处有 1 个半月形白斑，静止时胫、跗节向侧后方上举，并不时摆动，故名"举肢蛾"。

2. **卵**　椭圆形，长 0.3 ~ 0.4 毫米，初产时乳白色，渐变为黄白色、黄色或淡红色，近孵化时呈红褐色。

3. **幼虫**　成熟幼虫体长 7.5 ~ 9 毫米，头部暗褐色，胴部淡黄白色，背面稍带粉红色，被有稀疏白色刚毛。腹足趾钩间序环，臀足趾钩为单序模带。

4. **蛹**　体长 4 ~ 7 毫米，纺锤形，黄褐色。茧椭圆形，长 8 ~ 10 毫米，褐色，常黏附草屑及细土粒。

【发生规律】

核桃举肢蛾在我国西南核桃产区 1 年可发生 2 代，在山西、河北 1 年发生 1 代，河南发生 2 代，均以成熟幼虫在树冠下 1 ~ 2 厘米的土壤中、石块下及树干基部粗皮裂缝内结茧越冬。在河北省，越冬幼虫在 6 月上旬至 7 月下旬化蛹，盛期在 6 月上旬，蛹期 7 天左右。成虫发生期在 6 月上旬至 8 月上旬，盛期在 6 月下旬至 7 月上旬。幼虫 6 月上中旬开始为害，有的年份发生早些，老熟幼虫 7 月中旬开始脱果，脱果盛期在 8 月上旬。在四川绵阳，越冬幼虫于 4 月上旬开始化蛹，5 月中下旬为化蛹盛期，蛹期 7 ~ 10 天，越冬代成虫最早出现于 4 月下旬果径 6 ~ 8 毫米时，5 月中下旬为盛期，6 月上中旬为末期，5 月上中旬出现幼虫为害。6 月出现第 1 代成虫，6 月下旬开始出现第 2 代幼虫为害。

成虫略有趋光性，多在树冠下部叶背活动和交尾，产卵多在18 ~ 20时，卵大部分产在两果相接的缝隙内，其次是产在萼洼、梗洼或叶柄上。一般每个果上产卵1 ~ 4粒。成虫寿命约1周。卵期4 ~ 6天。幼虫孵化后在果面爬行1 ~ 3小时，然后蛀入果实内，纵横食害，形成蛀道，粪便排于其中。蛀孔外流出透明或琥珀色水珠，此时果实外表无明显被害状，但随后会出现青果皮皱缩变黑腐烂，引起大量落果。1个果内有幼虫5 ~ 7头，最多30余头，老熟幼虫咬破果皮脱果入土结茧化蛹。第2代幼虫发生期间，正值果实发育期，内果皮已经硬化，幼虫只能蛀食中果皮，果面变黑凹陷皱缩。至核桃采收时有80%左右的幼虫脱果结茧越冬，少数幼虫直至采收被带入晒场。

【防治方法】

1. **深翻树盘**　晚秋或早春深翻树冠下的土壤，破坏冬虫茧，可消灭部分越冬幼虫，或使成虫羽化后不能出土。

2. **树冠喷药**　掌握成虫产卵盛期及幼虫初孵期（在小麦稍黄之际），每隔10 ~ 15天选喷1次50%杀螟硫磷乳油或50%辛硫磷乳油1 000倍液，或2.5%溴氰菊酯乳油，或20%杀灭菊酯乳油2 000 ~ 3 000倍液等，共喷3次，将幼虫消灭在蛀果之前，效果很好。

3. **地面施药**　成虫羽化前或个别成虫开始羽化时，在树干周围地面喷施50%辛硫磷乳油300 ~ 500倍液，每亩用药0.5千克，每株0.4 ~ 0.75千克，以毒杀出土成虫。在幼虫脱果期树冠下施用辛硫磷乳油，毒杀幼虫亦可收到良好效果。

4. **摘除被害果**　6月中旬至采收之前捡拾落果。受害轻的果树，在幼虫脱果前及时摘除变黑的被害果，可减少下一代的虫口密度。

二　桃蛀螟

桃蛀螟 *Conogethes punctiferalis*（Guenée），又称桃蛀野螟、豹纹斑螟、桃蠹螟、桃斑螟、桃实蛀螟蛾、豹纹蛾、桃斑蛀螟，幼虫俗称蛀心虫，属鳞翅目草螟科。

【分布与寄主】

本虫国内南北方都有分布。幼虫为害桃、梨、苹果、杏、李、石榴、葡萄、山楂、板栗、枇杷等果树的果实，还可为害向日葵、玉米、高粱、麻等农作物及松杉、桧柏等树木，是一种杂食性害虫。

【为害状】

两果相连处或叶果相连处产卵受害较多。为害果实后，蛀入果核，蛀孔周围堆积有大量红褐色虫粪。受害处内常有1头或多头幼虫为害。

桃蛀螟为害核桃果实状

桃蛀螟幼虫为害核桃果实

桃蛀螟成虫（1）   桃蛀螟成虫（2）

【形态特征】

1. **成虫** 体长 12 毫米，翅展 22 ~ 25 毫米，黄色至橙黄色，体、翅表面具许多黑斑点，似豹纹，胸背有 7 节；腹背第 1 节和第 3 ~ 6 节各有 3 个横列，第 7 节有时只有 1 个横列，第 2、8 节无黑点，前翅 25 ~ 28 个，后翅 15 ~ 16 个，雄性第 9 节末端黑色，雌性不明显。

2. **卵** 椭圆形，长约 0.6 毫米，初产时乳白色，后变为红褐色，表面粗糙，有网状线纹。

3. **幼虫** 老熟时体长 22 ~ 27 毫米，体背暗红色，身体各节有粗大的褐色毛片。腹部各节背面有 4 个毛片，前两个较大，后两个较小。

4. **蛹** 体长 13 毫米左右，黄褐色，腹部 5 ~ 7 节前缘各有 1 列小刺，腹末有细长的卷曲钩刺 6 个。茧灰褐色。

【发生规律】

我国从北到南，1 年可发生 2 ~ 5 代。河南 1 年发生 4 代，以老熟幼虫在树皮裂缝、桃僵果、玉米秆等处越冬。翌年 4 月中旬，老熟幼虫开始化蛹。各代成虫羽化期为：越冬代在 5 月中旬，第 1 代在 7 月中旬，第 2 代在 8 月上中旬，第 3 代在 9 月下旬。

成虫白天在叶背静伏,晚间多在两果相连处产卵。幼虫孵出后,多从萼洼蛀入,可转害 1 ~ 3 个果实。化蛹多在萼洼处、两果相接处和枝干缝隙处等结白色丝茧。

【测报方法】

1.**成虫发生期测报** 利用黑光灯或糖醋液诱集成虫,逐日记载诱蛾数。

2.**田间查卵** 自诱到成虫后,选代表果树 5 ~ 10 株,每 2 ~ 3 天检查 1 次,每次查果实 1 000 ~ 1 500 个,统计卵数,当卵量不断增加、平均卵果率达 1% 时进行喷药。

3.**性外激素的利用** 利用顺、反–10–十六碳烯醛的混合物,诱集雄蛾。

【防治方法】

1.**清除越冬幼虫** 冬、春季清除玉米、高粱、向日葵等遗株,并将核桃树等果树老翘皮刮净,集中深埋以减少虫源。

2.**喷药防治** 药剂治虫的有利时机在第 1 代幼虫孵化初期（5月下旬）及第 2 代幼虫孵化期（7月中旬）。防治卵和初孵幼虫。当卵果率达 1% ~ 2% 时,同时又发现极少数卵已孵化蛀果,果面有果汁流出时,立即喷药。可选药剂有高效氯氟氰菊酯、高效氯氰菊酯、氯虫苯甲酰胺、阿维菌素、毒死蜱、三唑磷、辛硫磷等。

3.**物理防治** 根据桃蛀螟成虫趋光性强,可从其成虫刚开始羽化时（未产卵前）,晚上在果园内或周围用黑光灯或糖醋液诱集成虫,集中杀灭,还可用频振式杀虫灯进行诱杀,以达到防治的目的。

三　核桃缀叶螟

核桃缀叶螟 *Locastra muscosalis* Walker，又名木橑黏虫、缀叶丛螟，属鳞翅目螟蛾科。

【分布与寄主】

本虫分布在我国华北、西北和中南等地。寄主有核桃等。在有些地方个别年份发生严重，叶片往往被吃光，影响产量。

【为害状】

初龄幼虫群居，几十头甚至几百头在一起。在叶面吐丝结网，稍长大，由一窝分为几群，把叶片缀在一起，使叶片呈筒形，幼虫在其中食害，并把粪便排在里面，随虫体的长大（约20毫米）转移分散为害，最初卷食叶，把2～4片叶缠卷在一起，叶卷得越来越多最后成团状。当幼虫即将老熟时，一般1个叶筒内只有1个幼虫。

核桃缀叶螟为害状（1）

核桃缀叶螟为害状（2）

核桃缀叶螟幼虫

核桃缀叶螟幼虫为害状

【形态特征】

1. **成虫** 体长 14 ~ 20毫米，翅展 35 ~ 50 毫米，全体黄褐色。触角丝状，复眼绿褐色。前翅色深，稍带淡红褐色，有明显的黑褐色内横线及曲折的外横线，横线两侧、靠近前缘处各有黑褐色小斑点 1 个，外缘翅脉

核桃缀叶螟大龄幼虫

间各有黑褐色小斑点 1 个，前缘中部有 1 个黄褐色斑点。后翅灰褐色，接近外缘颜色逐渐加深。

2. **卵** 球形，密集排列成鱼鳞状，每块卵有卵 100 ~ 200 粒。

3. **幼虫** 老熟幼虫体长 20 ~ 45 毫米。头黑褐色，有光泽。前胸背板黑色，前缘有 6 个黄白色斑点。背中线较宽，杏红色。亚背线气门上线为黑色，体侧各节有黄白色斑点。腹部腹面黄褐色。全体疏生短毛。

4. **蛹** 长约 16 毫米，深褐色至黑色。茧深褐色，扁椭圆形，长约 20 毫米，宽约 10 毫米。硬似牛皮纸。茧大小差异很大。

【发生规律】

1 年发生 1 代，以老熟幼虫在根茎部及距树干 1 米范围内的土中结茧越冬，入土深度 10 厘米左右。翌年 6 月中旬越冬幼虫开始化蛹，化蛹盛期在 6 月底至 7 月中旬，化蛹末期在 8 月上旬，蛹期 10 ~ 20 天，平均 17 天左右。6 月下旬开始羽化出成虫，7 月中旬为羽化盛期，羽化末期在 8 月上旬。成虫产卵于叶面。7 月上旬孵化幼虫，7 月末至 8 月初为盛期。幼虫在夜间取食、活动、转移，白天静伏在被害叶筒内，很少食害。8 ~ 9 月入土越冬。

【防治方法】

1. **挖除虫茧**　虫茧在树根旁或松软土里比较集中，在封冻前或解冻后挖除虫茧。

2. **摘除虫枝**　幼虫多在树冠上部和外围结网卷叶为害，在发生少的地方，可以用钩镰把有虫枝砍下，消灭幼虫。

3. **药剂防治**　在 7 月中下旬幼虫为害初期喷 50% 杀螟松 2 000 倍液，或 50% 辛硫磷乳剂 2 000 ~ 3 000 倍液，或杀螟杆菌 200 ~ 400 倍液均可。

四　美国白蛾

美国白蛾 *Hyphantria cunea*（Drury），属鳞翅目灯蛾科。该虫是我国植物检疫对象之一。

【分布与寄主】

国内在辽宁省丹东、兴城、大连等市，山东省荣成，河北省秦皇岛和陕西省武功等地有分布；国外分布在美国、墨西哥、日本、朝鲜等。该虫寄主植物广泛，国外报道有 300 多种植物，国内初步调查有 100 多种，包括苹果、山楂、李、桃、梨、杏、核桃等果树及桑、白蜡、杨、柳等林木。

【为害状】

幼虫 4 龄以前有吐丝结网的习性，常数百头幼虫群居网内食害叶肉，残留表皮，受害叶干枯呈现白膜状，5 龄后幼虫从网幕内爬出，向树体各处转移分散，直到全树叶片被吃光。

【形态特征】

1. **成虫**　为白色蛾子。雄虫体长 9～12 毫米，触角双栉齿状，多数前翅生有多个褐色斑点，尤以越冬代成虫翅面斑点为多。雌虫触角锯齿状，前翅多为纯白色。

2. **卵**　圆球形，直径约 0.5 毫米，灰绿色，卵面有凹陷刻纹，数百粒排成单层卵块，上覆有雌蛾白色体毛。

3. **幼虫**　老熟时体长 28～35 毫米，头黑色，有光泽。胸、腹部为灰褐色至灰黑色，背部两侧线之间有 1 条灰褐色的宽纵带。

美国白蛾为害核桃树叶片

美国白蛾卵粒

美国白蛾低龄幼虫

美国白蛾高龄幼虫

背中线、气门上线及气门下线为黄色。背部毛瘤黑色，体侧毛瘤多为橙黄色，毛瘤上着生白色长毛丛。

4. **蛹**　体长 8 ~ 12 毫米，暗红褐色，中央有纵向隆脊。

【**发生规律**】

1 年发生 2 代，以茧蛹在枯枝落叶、表土层、墙缝等处越冬。越冬代成虫发生在 4 月初至 5 月底，第 1 代幼虫为害盛期在 5 月中旬至 6 月中旬。第 1 代成虫发生在 6 月中旬至 8 月中旬，第 2 代幼虫为害盛期在 7 月至 8 月上中旬。美国白蛾最喜生活在阳光充足的地方，多发生在树木稀疏、光照充足的树上。在公路两旁、公园、果园、居民点、村落周围的树上发生尤为集中。在林区边缘也有发生，但不深入林区内部。

【**防治方法**】

1. **严格检疫**　从虫害疫区向未发生区调运植物货物和植物性包装物，应由当地植物检疫部门检疫后，方可调运。

2. **人工防治**　对 1~3 龄幼虫随时检查并及时剪除网幕。

3. **药剂防治**　多种杀虫剂均可有效毒杀幼虫，如 25% 灭幼脲 2 000 倍液，或 24% 甲氧虫酰肼悬浮剂 2 500 倍液，或 5% 氟虫脲乳油 2 000 倍液等。

4. **生物防治**　可用苏云金杆菌、美国白蛾病毒（以核型多角体病毒的毒力较强）防治幼虫。

五　黄刺蛾

黄刺蛾 *Cnidocampa flavescens* Walker，俗称洋辣子、八角子，属鳞翅目刺蛾科。

【分布与寄主】

本虫全国各省（区）几乎都有分布。主要为害苹果、梨、山楂、桃、杏、枣、核桃、柿、柑橘等果树及杨、榆、法桐、月季等花卉林木。

【为害状】

低龄幼虫啃吃叶肉，使叶片呈网眼状，幼虫长大后，将叶片食成缺刻，只残留主脉和叶柄。

黄刺蛾幼虫

黄刺蛾幼虫为害状

【形态特征】

1. **成虫**　体长 13 ~ 16 毫米。前翅内半部黄色，外半部黄褐色。

2. **卵**　扁椭圆形，淡黄色，长约 1.5 毫米，多产在叶面上，数十粒结成卵块。

3. 幼虫　老龄幼虫体长 20 ~ 25 毫米，体近长方形。体背有紫褐色大斑，呈哑铃状。末节背面有 4 个褐色小斑。体中部两侧各有 2 条蓝色纵纹。

4. 蛹　椭圆形，肥大，淡黄褐色。茧石灰质，坚硬，似雀蛋，茧上有数条白色与褐色相间的纵条斑。

【发生规律】

东北、华北大多 1 年发生 1 代，河南、陕西、四川等省 1 年可发生 2 代。以老熟幼虫结茧在树杈、枝条上越冬。在 1 年发生 2 代的地区多于 5 月上旬开始化蛹，成虫于 5 月底至 6 月上旬开始羽化，7 月为幼虫为害期。下一代成虫于 7 月底开始羽化，第 2 代幼虫为害盛期在 8 月上中旬。9 月初幼虫陆续老熟、结茧越冬。

【防治方法】

1. 人工捕杀　冬、春季结合修剪，剪除虫茧或掰除虫茧。在低龄幼虫群栖为害时，摘除虫叶。

2. 药剂防治　幼虫发生期，喷洒辛硫磷、杀螟松或菊酯类等杀虫剂。

3. 生物防治　保护和利用天敌，主要有上海青蜂、刺蛾广肩小蜂、刺蛾紫姬蜂和黄刺蛾核型多角体病毒等。

六　大袋蛾

大袋蛾 *Clania variegata* Snellen，属鳞翅目袋蛾科，别名大蓑蛾、布袋虫、吊包虫。

【分布与寄主】

大袋蛾分布于云南、贵州、四川、湖北、湖南、广东、广西、台湾、福建、江西、浙江、江苏、安徽、河南、山东等省。主要寄主有核桃、柿子、泡桐、法桐等果树林木。

【为害状】

幼虫取食叶片，将叶片食成缺刻孔状，严重时可将叶片食光，导致树势衰弱，甚至死亡。

【形态特征】

1. **成虫**　雄成虫体长 14 ~ 19.5 毫米，翅展 29 ~ 38 毫米。体翅灰褐色，翅面前后缘有 4 个或 5 个半透明斑。雌成虫体长

大袋蛾虫囊

大袋蛾高龄幼虫

大袋蛾蛹 　　　　　　　　　　大袋蛾幼虫与虫囊

17 ~ 22 毫米，无翅，蛆状，乳白色。头较小，为淡褐色，胸背中央有 1 条褐色隆脊，后胸腹面及第 7 腹节后缘密生黄褐色茸毛环，腹内卵粒较明显。

2. **卵**　长 0.7 ~ 1 毫米，黄色，椭圆形。

3. **幼虫**　初孵幼虫黄色，略带有斑纹，3 龄时可区分雌雄。雌老熟幼虫体长 28 ~ 37 毫米，粗壮，头部赤褐色，头顶有环状斑，胸部背板骨化。雄老熟幼虫体长 17 ~ 21 毫米，头黄褐色，中间有一显著的白色"八"字形纹，胸部灰黄褐色，背侧有 2 条褐色斑纹，腹部黄褐色，背面有横纹。

4. **蛹**　雌蛹体长 22 ~ 30 毫米，褐色，头、胸附器均消失，枣红色。雄蛹体长 17 ~ 20 毫米，暗褐色。

【发生规律】

1 年发生 1 代，个别年份，如遇天气干旱，气温偏高且持续期长，大袋蛾有分化 2 代现象，但第 2 代幼虫不能越过冬季。幼虫共 9 龄，以老熟幼虫在袋囊内越冬。翌年 4 月中旬至 5 月上旬为化蛹期，5 月中下旬成虫选择晴天的 9 ~ 16 时羽化。多在晚 8 ~ 9 时，雌成虫尾部伸出袋口处，释放雌激素，雄成虫飞抵雌虫袋口交尾。

雌成虫将卵产于袋囊内，6 月中下旬幼虫孵化，幼虫在袋囊内停留 1～3 天后在 11～13 时从袋囊口吐丝下垂降落到叶面上，迅速爬行 10～15 分钟，吐丝织袋，负袋取食叶肉。借风力传播蔓延。袋随虫体增大而增大。7 月下旬至 8 月上中旬为为害盛期，9 月下旬至 10 月上旬，老熟幼虫将袋囊固定在当年生枝条顶端越冬。大袋蛾多在树冠的下层，靠携虫苗木远距离运输进行远距离传播。

【**防治方法**】

1. **生物防治** 保护和利用天敌。大袋蛾天敌种类较多，有寄生蝇类、白僵菌、绿僵菌以及大袋蛾核型多角体病毒等。寄生率较高。

2. **药剂防治** 喷洒大袋蛾核型多角体病毒制剂和 Bt 乳剂防治。

七 木橑尺蠖

木橑尺蠖 *Culcula panterinaria* Bremer et Grey 又名木橑步曲，俗称小大头虫，属鳞翅目尺蛾蛾科。

【分布与寄主】

本虫在我国华北、西北、西南、华中地区及台湾省均有分布。寄主植物 150 余种，主要为害核桃、榆树、刺槐、黄栋、泡桐、杨树、桑树等多种树木。

【为害状】

木橑尺蠖主要以幼虫为害叶片，小幼虫将叶片吃成缺刻与孔洞。幼虫是一种暴食性害虫，3 ~ 5 天即可将叶片全部吃光只留下叶柄，因而得名"一扫光"。此虫发生密度大时将大片果园叶片吃光，造成树势衰弱，核桃大量减产。

【形态特征】

1. **成虫** 体长 18 ~ 22 毫米，翅展 72 毫米。雌蛾触角丝状，

木橑尺蠖幼虫（1）

木橑尺蠖幼虫（2）

木橑尺蠖幼虫头部

木橑尺蠖幼虫站立状

雄蛾触角短羽状。前、后翅外散布不规则的浅灰色斑点，在前翅基部有 1 个近圆形的黄棕色斑纹，前、后翅的中央各有 1 个明显浅灰色的斑点，在前、后翅外缘线有 1 条断续的波状的黄棕色斑纹。雌蛾腹部末端具有黄

木橑尺蠖卵、幼虫与成虫

棕色毛丛，产卵管褐色，稍伸出体外。雄蛾腹部细长，圆锥形。

2. **卵**　扁圆形，绿色，直径约 0.9 毫米。卵块上覆有一层棕色茸毛，孵化前变为黑色。

3. **幼虫**　共 6 龄。老熟幼虫体长约 70 毫米。颅顶两侧呈圆锥状突起，额面有 1 个深棕色的"八"字形凹纹。单眼 5 个，圆形，大小相近，其中 4 个呈半圆形排列。前胸背板前端两侧各有 1 个突起。气门椭圆形，两侧各有 1 个白色斑点。胸足 3 对，腹足 1 对，着生在腹部第 6 节上，臀足 1 对。

4. **蛹**　长约 30 毫米，宽 8 ~ 9 毫米，初期翠绿色，最后变为黑色，反光很弱，体表面布满小刻点。

【发生规律】

华北地区1年发生1代,浙江1年发生2～3代。以蛹在墙根下或梯田石缝内、树干周围土内越冬,以3厘米深处为最多。如在荒坡上,则以杂草、碎石堆中较多。翌年5月上旬平均气温达25℃左右则开始羽化,7月中下旬为羽化盛期,8月底为羽化末期。

成虫不活泼,趋光性强,晚间活动,白天静止在树上或梯田壁上,易被发现。早晨,翅受潮后不易飞翔。成虫喜欢将卵产于寄主植物的皮缝内或石块上,卵呈块状,不规则,每只雌蛾产卵1 000～1 500粒,多者可达3 000粒。卵期9～10天。成虫寿命4～12天。

初孵幼虫活泼,爬行很快,并能吐丝借风力转移为害。先取食叶尖叶肉。2龄以后,行动迟缓,尾足攀缘能力很强,在静止时直立在小枝上,或者以尾足、胸足分别攀缘在分叉处的两小枝上,不易被发现。幼虫老熟时坠到地上,少数幼虫顺树下爬或吐丝下垂着地,在树下松软土壤(一般深3厘米左右)、阴暗潮湿的石堰缝内或乱石下化蛹。在这些地方常发现其"蛹巢",往往有几十个或几百个聚在一起。蛹期230～250天。

【防治方法】

1. **人工防治** 在蛹密度大的地区,于结冻前和早春解冻后,可进行人工刨蛹;成虫早晨不爱活动,可以捕杀。成虫趋光性强,在发生密度较大的地方,羽化盛期可用堆火或黑光灯诱杀。

2. **药剂防治** 在3龄前用药剂防治,各代幼虫孵化盛期,特别是第1代幼虫孵化期,喷施下列药剂:90%晶体敌百虫1 000倍液,或50%杀螟硫磷乳油1 500倍液,或50%辛硫磷乳油1 500倍液,或45%马拉硫磷乳油1 000倍液,或2.5%氟氯氰菊酯乳油3 000倍液,或20%甲氰菊酯乳油2 000倍液,或20%氰戊菊酯乳油2 000倍液等。

八　燕尾水青蛾

燕尾水青蛾 *Actias selene*（Hübner）又名绿尾大蚕蛾，属鳞翅目大蚕蛾科。

【分布与寄主】

燕尾水青蛾主要分布于辽宁、河北、北京、山东、山西、河南、陕西、江苏、浙江等省（市）。寄主植物有核桃、枣、苹果、梨、葡萄、沙果、海棠、栗、樱桃，以及柳、枫、杨、木槿、乌桕等。

【为害状】

本蛾以幼虫蚕食叶片，严重时可将叶片食光。

燕尾水青蛾幼虫为害核桃叶片（1）　　燕尾水青蛾幼虫为害核桃叶片（2）

【形态特征】

1.**成虫**　体长35～40毫米，翅展122毫米左右。体表具浓厚的白色茸毛，头部、胸部、肩板基部前缘有暗紫色横切带。翅粉绿色，基部有白色茸毛，前翅前缘暗紫色，混杂有白色鳞毛，外缘黄褐色，中室末端有眼斑 1 个，中间一长条透明，外侧黄褐色，内侧内方橙褐色，外方黑色，翅脉较明显，灰黄色。后翅也有 1 个眼斑，后角尾状突出，长 40 毫米。

2. **卵**　球形稍扁，直径约 2 毫米，米黄色，上有胶状物将卵黏成堆。每堆有卵少者几粒，多者二三十粒。

3. **幼虫**　1 ~ 2 龄幼虫黑色，第 2、第 3 胸节及第 5、第 6 腹节橘黄色，前胸背板黑色。3 龄幼虫全体橘黄色。4 龄开始渐变为嫩绿色。老熟幼虫体长 73 ~ 80 毫米，头部绿褐色，较小，宽仅 5.5 毫米，体黄绿色，气门线以下至腹面浓绿色，腹面黑色。

4. **蛹**　长 45 ~ 50 毫米，赤褐色，额区有 1 个浅黄色三角斑。茧灰褐色，长卵圆形，全封闭式；长径 50 ~ 55 毫米，短径25 ~ 30 毫米，茧外常有寄主叶片裹着。

【发生规律】

在辽宁、河北、河南、山东等北方果产区 1 年发生 2 代，在江西南昌 1 年可发生 3 代，在广东、广西、云南 1 年发生 4 代，在树上作茧化蛹越冬。北方果产区，越冬蛹 4 月中旬至 5 月上旬羽化并产卵。卵历期 10 ~ 15 天。第 1 代幼虫 5 月上中旬孵化。幼虫共 5 龄，历期 36 ~ 44 天。老熟幼虫 6 月上旬开始化蛹，6月中旬达盛期。蛹历期 15 ~ 20 天。第 1 代成虫 6 月下旬至 7 月初羽化产卵。卵历期 8 ~ 9 天。第 2 代幼虫 7 月上旬孵化，9 月底老熟幼虫结茧化蛹。越冬蛹期 6 个月。

成虫有趋光性，一般中午前后至傍晚羽化，羽化前分泌棕色液体溶解茧丝，然后从上端钻出，当天 20 ~ 21 时至翌日 2 ~ 3时交尾。交尾历时 2 ~ 3 小时。翌日夜晚开始产卵，产卵历期6 ~ 9 天。产卵量 250 ~ 300 粒，一般无遗腹卵。雄成虫寿命平均 6 ~ 7 天，雌蛾 10 ~ 12 天，1 龄、2 龄幼虫有集群性，较活跃；

3 龄以后逐渐分散，食量增大，行动迟钝。

　　第 1 代茧与越冬茧的部位略有不同，前者多数在树枝条上，少数在树干下部，越冬茧基本在树干下部分叉处。茧处都有寄主叶片包裹。

　　【防治方法】

　　1. **人工防治**　清除果园的枯枝落叶和杂草，消灭越冬蛹；人工捕杀成虫和幼虫；设置黑光灯诱杀成虫。

　　2. **药剂防治**　幼虫发生期尤其是幼龄虫期喷药防治效果最佳。常用杀虫剂对其都有较好的防治效果。

　　3. **生物防治**　保护和利用天敌，天敌有赤眼蜂，室内卵寄生率达 84% ~ 88%。

九　白眉刺蛾

白眉刺蛾 *Narosa edoensis* Kawada，属鳞翅目刺蛾科。

【分布与寄主】

白眉刺蛾在我国河南、河北、陕西等省均有分布。主要为害核桃、苹果、梨、桃、樱桃、枣等果树。

【为害状】

幼虫食害叶片呈孔洞状。

核桃叶片受害状

核桃受害叶片有白色虫斑

【形态特征】

1. **成虫**　前翅乳白色，翅中部近外缘处有浅褐色云纹状斑。

2. **幼虫**　体绿色，椭圆形，体背隆起似龟背，背面中部两侧有小红点，体上无明显刺毛。

3. **蛹茧**　椭圆形，灰褐色。

【发生规律】

本蛾1年发生2代，以老熟幼虫结茧在树杈上越冬。成虫5~6月出现，幼虫在7~8月为害。

成虫多在晚上羽化，白天静伏叶背面，夜间活跃，具趋光性。成虫寿命3~5天。卵散产在叶片背面，开始呈小水珠状，干后形成半透明的薄膜保护卵块。每个卵块有卵8粒左右。卵期7天左右。低龄幼虫开始剥食叶肉，只留半透明的表皮，后蚕食叶片，残留叶脉；到老龄时，食完整个叶片和叶脉。

【防治方法】

发生量大时，喷施50%辛硫磷乳油1000~1500倍液防治。

十 双齿绿刺蛾

双齿绿刺蛾 *Latoia hilarata*（Staudinger），鳞翅目刺蛾科。

【分布与寄主】

双齿绿刺蛾分布在我国陕西、山西等。寄主广泛，主要为害苹果、梨、桃、山杏、柿、海棠、紫叶李、白蜡等多种果树和园林植物。

【为害状】

低龄幼虫多群集叶背取食叶肉，3 龄后分散，食叶成缺刻或孔洞，白天静伏于叶背，夜间和清晨活动取食，严重时常将叶片吃光。

双齿绿刺蛾低龄幼虫为害状

双齿绿刺蛾高龄幼虫为害状

【形态特征】

1. 成虫 体长 7 ~ 12 毫米，翅展 21 ~ 28 毫米，头部、触角、下唇须褐色，头顶和胸背绿色，腹背苍黄色。前翅绿色，基斑和外缘带暗灰褐色，其边缘色深，基斑在中室下缘呈角状外突，略呈五角形；外缘带较宽与外缘平行内弯，其内缘在 Cu_2 处向内突起，呈一大齿，在 M_2 上有一较小的齿突，故得名，

双齿绿刺蛾低龄幼虫

这是本种与中国绿刺蛾相区别的明显特征。后翅苍黄色，外缘略带灰褐色，臀色暗褐色，缘毛黄色。足密被鳞毛。雄虫触角栉齿状，雌虫触角丝状。

2. **卵**　长 0.9 ~ 1.0 毫米，宽 0.6 ~ 0.7 毫米，椭圆形，扁平、光滑。初产乳白色，近孵化时淡黄色。

3. **幼虫**　体长 17 毫米左右，蛞蝓型，头小，大部缩在前胸内，头顶有 2 个黑点，胸足退化，腹足小。体黄绿色至粉绿色，背线天蓝色，两侧有蓝色线，亚背线宽杏黄色，各体节有 4 个枝刺丛，以后胸和第 1、7 腹节背面的 1 对较大且端部呈黑色，腹末有 4 个黑色绒球状毛丛。

4. **蛹**　长 10 毫米左右，椭圆形，肥大，初乳白色至淡黄色，渐变淡褐色，复眼黑色，羽化前胸背淡绿色，前翅芽暗绿色，外缘暗褐色，触角、足和腹部黄褐色。茧扁椭圆形，长 11 ~ 13 毫米，宽 6.3 ~ 6.7 毫米，钙质较硬，色多同寄主树皮色，一般为灰褐色至暗褐色。

【发生规律】

本蛾在山西、陕西 1 年发生 2 代，以前蛹在树体茧内越冬。山西太谷地区 4 月下旬开始化蛹，蛹期 25 天左右，5 月中旬开始

羽化，越冬代成虫发生期 5 月中旬至 6 月下旬。成虫昼伏夜出，有趋光性，对糖醋液无明显趋性。卵多产于叶背中部、主脉附近，块生，形状不规则，多为长圆形，每块有卵数十粒，单雌产卵量百余粒。成虫寿命 10 天左右。卵期 7 ~ 10 天。第 1 代幼虫发生期 8 月上旬至 9 月上旬，第 2 代幼虫发生期 8 月中旬至 10 月下旬，10 月上旬陆续老熟，爬到枝干上结茧越冬，以树干基部和粗大枝杈处较多，常数头至数十头群集在一起。

【防治方法】

1. **人工防治**　防治应掌握好时机，如秋冬季人工挖除虫茧深埋。幼虫群集时，摘除虫叶，人工捕杀幼虫。

2. **黑光灯诱杀**　成虫发生期，利用黑光灯诱杀成虫。

3. **药剂防治**　幼虫 3 龄前可选用生物或仿生农药，如可施用含量为 16 000 单位 / 毫克的 Bt 可湿性粉剂 500 ~ 700 倍液，20% 除虫脲悬浮剂 2 500 ~ 3 000 倍液等。幼虫大面积发生时，可喷施 50% 辛硫磷乳油 1 000 ~ 1 500 倍液进行防治。

4. **保护天敌**　加强保护如刺蛾广肩小蜂、绒茧蜂、螳螂等天敌。

十一　扁刺蛾

扁刺蛾 *Thosea sinensis* Walker，又名黑点刺蛾，属鳞翅目刺蛾科。

【分布与寄主】

扁刺蛾在我国南、北果产区都有分布。主要为害核桃、苹果、梨、山楂、杏、桃、枣、柿、柑橘等果树及多种林木。

【为害状】

低龄幼虫开始食叶肉留半透明的表皮，大龄幼虫食叶片形成缺刻，幼虫到老龄时，食整个叶片。

扁刺蛾低龄幼虫为害核桃叶片

扁刺蛾低龄幼虫在叶背为害

【形态特征】

1. **成虫**　雌成虫体长 13 ~ 18 毫米，翅展 28 ~ 35 毫米。体暗灰褐色，腹面及足色较深。触角丝状，基部十数节栉齿状，栉齿在雄蛾更为发达。前翅灰褐色稍带紫色，中室的前方有 1 条明显的暗褐色斜纹，自前缘近顶角处向后缘斜伸；雄蛾中室上角有 1 个黑点（雌蛾不明显）。后翅暗灰褐色。

2. **卵** 扁平，光滑，椭圆形，长1.1毫米，初为淡黄绿色，孵化前呈灰褐色。

3. **幼虫** 老熟幼虫体长21～26毫米，宽16毫米，体扁，椭圆形，背部稍隆起，形似龟背。全体绿色或黄绿色，背线白色。体边缘则有10个瘤状突起，其上生有刺毛，每一节背面有2丛小刺毛，第4节背面两侧各有1个红点。

4. **蛹** 体长10～15毫米，前端肥大，后端稍消瘦，近椭圆形，初为乳白色，后渐变黄色，近羽化时转为黄褐色。

5. **茧** 长12～16毫米，椭圆形，暗褐色，似鸟蛋。

【发生规律】

华北地区1年多发生1代，长江下游地区1年发生2代。以老熟幼虫在树下土中作茧越冬。翌年5月中旬化蛹，6月上旬开始羽化为成虫。6月中旬至8月底为幼虫为害期。成虫多集中在黄昏时分羽化，尤以18～20时羽化最盛。成虫羽化后即行交尾产卵，卵多散产于叶面上，初孵化幼虫停息在卵壳附近，并不取食，幼虫蜕过第一次皮后，先取食卵壳，再啃食叶肉，留下一层表皮。幼虫取食不分昼夜均可进行。自6龄起，取食全叶，虫量多时，常从一枝的下部叶片吃至上部叶片，每枝仅存顶端几片嫩叶。幼虫期共8龄，老熟后即下树入土结茧，下树时间多在20时至翌晨6时，而以早晨2～4时下树的数量最多。结茧部位的深度和距树干的远近均与树干周围的土质有关。黏土地结茧位置浅而距离树干远，也比较分散；腐殖质多的土壤及沙壤地结茧位置较深，距离树干近，而且比较密集。

【防治方法】

1. **诱杀幼虫** 在幼虫下树结茧之前，疏松树干周围的土壤，以引诱幼虫集中结茧，然后收集处理。

2. **药剂防治** 于幼虫发生期喷洒常用杀虫剂。

十二　褐刺蛾

褐刺蛾 *Setora postornate*（Hampson）又名桑褐刺蛾、红绿刺蛾，属鳞翅目刺蛾科。

【分布与寄主】

褐刺蛾在我国华北、华东等地区都有分布。主要为害核桃、苹果、梨、桃、杏、樱桃、梅、板栗、枣、柿等果树。

【为害状】

低龄幼虫开始剥食叶肉，只留半透明的表皮，后蚕食叶片，残留叶脉；到老龄时，食整个叶片和叶脉。

褐刺蛾幼虫　　　　　　　　褐刺蛾幼虫为害核桃叶片

【形态特征】

1. **成虫**　体长 17.5 ~ 19.5 毫米，体褐色至深褐色，雌虫体色较浅，雄虫体色较深。复眼黑色。雌虫触角丝状；雄虫触角单栉齿状。前翅前缘离翅基 2/3 处向臀角和基角各伸出 1 条深色弧线，前翅臀角附近有 1 个近三角形棕色斑。前足腿节基部具 1 横列白色毛丛。

2. 卵 扁长椭圆形，长径 1.4 ～ 1.8 毫米，短径 0.9 ～ 1.1mm。卵壳极薄，初产时为黄色，半透明，后渐变深。

3. 幼虫 老熟幼虫体长 23.3 ～ 35.1 毫米，宽 6.5 ～ 11.0 毫米。体黄绿色，背线蓝色，每节上有黑点 4 个，排列近菱形。亚背线分黄色型和红色型两类，黄色型枝刺黄色，红色型枝刺紫红色。

4. 蛹 卵圆形，长 14 ～ 15.5 毫米，初为黄色，后渐转褐色。翅芽长达第 6 腹节。

5. 茧 呈广椭圆形，长 14 ～ 16.5 毫米，被灰白色或灰褐色点纹。

【发生规律】

一般 1 年发生 2 代，以老熟幼虫在茧内越冬。越冬幼虫于 5 月上旬开始化蛹，5 月底 6 月初开始羽化产卵。6 月中旬开始出现第 1 代幼虫，至 7 月下旬老熟幼虫结茧化蛹。8 月上旬成虫羽化，8 月中旬为羽化产卵盛期，8 月下旬出现幼虫，大部分幼虫于 9 月底 10 月初老熟结茧越冬，10 月中下旬还可见个别幼虫活动。但如夏天气温过高，气候过于干燥，则有部分第 1 代老熟幼虫在茧内滞育。到翌年 6 月再羽化，出现 1 年 1 代的现象。

初孵幼虫能取食卵壳，每龄幼虫均能啮食蜕皮。4 龄以前幼虫取食叶肉，留下透明表皮，以后可咬穿叶片形成孔洞或缺刻。4 龄以后多沿叶缘蚕食叶片，仅残留主脉，老熟后顺树干爬下或直接坠下，然后寻找适宜的场所结茧化蛹或越冬。幼虫喜结茧于疏松表土层、草丛、树叶垃圾堆和石砾缝中。入土深度在 2 毫米以内的占总数的 95%，入土最深可达 3.5 毫米。

成虫羽化开始于 16 时左右，18 ～ 21 时为羽化、交尾高峰。成虫白天在树阴、草丛中停息。

【防治方法】

参考扁刺蛾和黄刺蛾。

十三　印度谷螟

印度谷螟 *Plodia interpunctella*（Hübener）别名印度谷蛾、封顶虫。

【分布与寄主】

印度谷螟世界性分布，国内除西藏尚未发现外，其余各省市、自治区均有分布。为害储运期的干核桃，还为害粮食、豆类、油料、其他各种干果、干蔬菜等。

【为害状】

幼虫吐丝缀粒成巢，幼虫匿居其中进行为害。

【形态特征】

1. 成虫　体长 6 ~ 9 毫米，翅展 13 ~ 18 毫米，身体密布灰褐色或赤褐色鳞片，两复眼

印度谷螟幼虫在核桃果实内为害状

印度谷螟成虫（1）

印度谷螟成虫（2）

间有 1 个向前方突出的鳞片锥体。前翅长三角形，基部 2/5 淡黄白色，其余部分为红褐色。后翅灰白色，三角形。

2. 幼虫　体长 10 ~ 13 毫米，胴部乳白色及灰白色或稍带粉红色、淡绿色，头部黄褐色或红褐色。

3. 蛹　长 5.7 ~ 7.2 毫米，宽 1.6 ~ 2.1 毫米，细长。

【 **生活习性** 】

印度谷螟一年发生 4 ~ 6 代，以老熟幼虫在梁柱、包装品、板壁等缝隙中或室内阴暗避风的壁角内越冬。翌年春季化蛹，羽化为成虫后即交尾产卵，卵多产于核桃表面或包装物的缝隙中。每雌虫产卵 39 ~ 275 粒，孵化幼虫钻入核桃堆为害。

【 **防治方法** 】

1. 摊晒防虫　可选择晴天摊晒，每隔半小时翻动一次，温度升到 50℃，再连续保持 4 ~ 6 小时，温度越高，杀虫效果越好。

2. 冷冻除虫　北方冬季，气温降到 -10℃ 以下时，将干核桃堆摊开，经 12 小时冷冻后，即可杀死干核桃内害虫。如果高于 -10℃，冷冻的时间需延长。

十四　豹纹木蠹蛾

　　豹纹木蠹蛾 *Zeuzera leuconolum* Butler 又名六星木蠹蛾，属鳞翅目豹蠹蛾科。

【分布与寄主】

　　本虫河南、河北、陕西、山东等省有分布。寄主为核桃、苹果、枣、桃、柿等果树。

【为害状】

　　以幼虫蛀食嫩梢和细枝。被害枝基部的木质部与韧皮部之间有一蛀食环孔，并有自下而上的虫道。枝上有数个排粪孔，有大量的长椭圆形虫粪排出。受害枝上部变黄枯萎，遇风易折断。

豹纹木蠹蛾幼虫在核桃树枝干内为害（1）

豹纹木蠹蛾幼虫在核桃树枝干内为害（2）

豹纹木蠹蛾蛀害核桃树干导致折断

豹纹木蠹蛾蛀害核桃树枝干蛀孔外排出的虫粪

【形态特征】

1.**成虫**　雌成虫体长 20 ~ 38 毫米,雄成虫体长 17 ~ 30 毫米。前胸背面有 6 个蓝黑斑点,前翅散生许多大小不等的青蓝色斑点。

2.**卵**　椭圆形,长约 0.8 毫米,初产时黄白色。

3.**幼虫**　体长 20 ~ 35 毫米,体红色。前胸背板前缘有 1 对子叶形黑斑。

4.**蛹**　红褐色,近羽化时每一腹节的侧面出现 2 个黑色圆斑,尾端有刺突 10 个。

【发生规律】

1 年发生 1 代。以幼虫在枝条内越冬。翌年春季,枝梢萌发后,再转移到新梢为害。被害枝梢枯萎后,会再转移甚至多次转移为害。5 月上旬幼虫开始成熟,于虫道内吐丝连缀木屑堵塞两端,并向外咬一羽化孔,即行化蛹。5 月中旬成虫开始羽化,羽化后蛹壳的一半露在羽化孔外，长时间不掉。成虫昼伏夜出，有趋光性。于嫩梢上部叶片或芽腋处产卵，散产或数粒在一起。7月幼虫孵化，多从新梢上部腋芽蛀入，并在不远处开一排粪孔，被害新梢 3～5 天即枯萎，此时幼虫从枯梢中爬出，再向下移不远处重新蛀入为害。1 头幼虫可为害枝梢 2～3 个。幼虫至 10 月中下旬在枝内越冬。

【防治方法】

1. **剪除虫枝**　结合夏季修剪，根据新梢先端叶片凋萎的症状或枝上及地面上的虫粪，及时剪除虫枝，集中处理。此项措施应在幼虫转梢之前开始，并多次剪除，至冬剪为止。

2. **灯光诱杀**　在成虫发生期进行灯光诱杀。

3. **药剂防治**　成虫产卵及卵孵化期，喷洒 80% 晶体敌百虫 1 000 倍液或 80% 敌敌畏乳油 1 000 倍液。

十五　芳香木蠹蛾

芳香木蠹蛾 *Cossus cossus* L. 又名杨木蠹蛾、红哈虫，属鳞翅目木蠹蛾科。

【分布与寄主】

本虫在我国东北、华北、西北等地都有分布。寄主有核桃、苹果、梨、桃、杏，以及杨、柳、榆、桦、栎、榛等。

【为害状】

以幼虫为害树干根茎部和根部的皮层及木质部，被害树叶片发黄，叶缘焦枯，树势衰弱，根茎部皮层剥离，敲击树皮有内部空的感觉，根茎部有虫粪露出，剥开皮有很多虫粪和成群的幼虫。受害轻者树势衰弱，受害重者，几十年生的大核桃树可死亡。

【形态特征】

芳香木蠹蛾幼虫

芳香木蠹蛾幼虫及为害状

1. **成虫**　全体灰褐色。体长 30 毫米左右，翅展 56 ~ 80 毫米。雌蛾大于雄蛾。触角栉齿状。复眼黑褐色。前翅灰白色，前缘灰褐色，密布褐色波状横纹，由后缘角至前缘有 1 条粗大明显的波纹。

2. 卵　初产近白色，孵化前暗褐色，近卵圆形，长 1.5 毫米，宽 1.0 毫米，卵表有纵行隆脊，脊间具横行刻纹。

3. 幼虫　扁圆筒形，初孵化时体长 3 ~ 4 毫米，末龄体长 56 ~ 80 毫米，胸部背面红色或紫茄色，具有光泽，腹面呈黄色或淡红色。头部紫黑色，有不规则的细纹，前胸背板生有大型紫褐色斑纹 1 对。

【发生规律】

在河南、陕西、山西、北京等地 2 年完成 1 代，在青海西宁 3 年完成 1 代。以幼虫在被害树木的蛀道内和树干基部附近的土内越冬。越冬老熟幼虫于 4 ~ 5 月化蛹，6 ~ 7 月羽化为成虫。成虫多在夜间活动，有趋光性。卵多产于树干基部 1.5 米以下或根茎结合部的裂缝或伤口边缘等处。每头雌虫平均产卵 245 粒，卵呈块状，每块一般有卵 50 ~ 60 粒，少者只几粒，多者可达百余粒。幼虫孵化后即从伤口、树皮裂缝或旧蛀孔等处钻入皮层，排出细碎均匀的褐色木屑。幼虫先在皮层下蛀食，使木质部与皮层分离，极易剥落，在木质部的表面蛀成槽状蛀坑。此阶段常见十余头或几十头幼虫群集为害。虫龄增大后，常分散在树干的同一段内蛀食，并逐渐蛀入髓部，形成粗大而不规则的蛀道。10 月即在蛀道内越冬。翌年继续为害，到 9 月下旬至 10 月上旬幼虫老熟，爬出隧道，在根际处或离树干几米外向阳干燥处约 10 厘米深的土壤中结伪茧越冬。老熟幼虫爬行速度较快，遇到惊扰，可分泌出一种有芳香气味的液体，因此而得名。

【防治方法】

1. 人工防治　在成虫产卵期，树干涂涂白剂，防止成虫产卵；

当发现根茎皮下部有幼虫为害时，可撬起皮层挖除幼虫。

2. **毒杀幼虫**　可选药剂有 50% 敌敌畏乳油，或 50% 杀螟硫磷乳油、50% 辛硫磷乳油 100 倍液，或 80% 晶体敌百虫 30 倍液，或 25% 喹硫磷乳油 50 倍液，或 56% 磷化铝片剂（每孔放 1/5 片），注入虫道而后用泥堵住虫孔，以毒杀幼虫。

3. **毒杀卵**　抓住成虫产卵在树干基部 2 米以下的特征，向树干喷施下列药剂：4.5% 高效氯氰菊酯乳油 2 000 倍液，或 2.5% 溴氰菊酯乳油 2 000 倍液，或 20% 氰戊菊酯乳油 2 000 倍液，或 20% 甲氰菊酯乳油 2 000 倍液，或 50% 辛硫磷乳油 1 500 倍液，防治卵和初孵幼虫。

十六 核桃瘤蛾

核桃瘤蛾 *Nola distributa* Walker，俗称核桃毛虫、核桃小毛虫，属鳞翅目瘤蛾科。

【分布与寄主】

本虫分布于我国山西、河北、河南、陕西等省。已知为害核桃，为单食性害虫。

【为害状】

以幼虫食害核桃叶片，残留网状叶脉。属偶发暴食性害虫，严重发生时，几天内能将树叶吃光，造成枝条 2 次发芽，树势极度衰弱，导致翌年枝条枯死。树外围的叶片受害较重，上部的叶片受害重于下部的叶片。

核桃瘤蛾为害叶片，仅剩叶脉

核桃瘤蛾幼虫群集为害状

【形态特征】

1. **成虫** 体长 8 ~ 11 毫米，翅展 19 ~ 24 毫米，灰褐色。雌虫触角丝状，雄虫触角羽毛状。前翅前缘基部及中部有 3 个隆起的深色鳞簇，组成 3 块明显的黑斑；从前缘至后缘有 3 条由黑色鳞片组成的波状纹。后缘有一褐色斑纹。

2. **卵**　直径 0.4 毫米左右，扁圆形，中央顶部略凹陷，四周有细刻纹。初产时为乳白色，后变为浅黄色至褐色。

3. **幼虫**　老熟幼虫体长 12 ~ 15 毫米，背面棕黑色，腹面淡黄褐色，体型短粗而扁，中、后胸背面各有 4 个毛瘤着生较长的毛。体两侧毛瘤上着生的毛长于体背毛瘤上的毛，腹部第 4 ~ 7 节背面中央为白色。胸足 3 对；腹足 3 对，着生在第 4、5、6 腹节上；臀足 1 对，着生在第 10 腹节上。

4. **蛹**　体长 8 ~ 10 毫米，黄褐色，椭圆形，腹部末端半球形。越冬茧长圆形，丝质细密，浅黄白色。

【发生规律】

1 年发生 2 代，以蛹在石堰缝中、土缝中、树皮裂缝中及树干周围的杂草和落叶中越冬。成虫有趋光性，黑光灯对其诱力最强。成虫在前半夜活动性强。越冬代成虫的羽化期自 5 月下旬至 7 月中旬计 50 余天，盛期为 6 月上旬；第一代成虫的羽化期自 7 月中旬至 9 月上旬计 50 余天，盛期在 7 月底至 8 月初。

幼虫期 18 ~ 27 天，3 龄前的幼虫在孵化的叶片上取食，受害叶仅余网状叶脉，偶见核桃果皮受害，幼虫老熟后多于凌晨 1 ~ 6 时沿树干下爬，寻找石缝、土缝及石块下作茧化蛹。

【防治方法】

1. **人工防治**　利用老熟幼虫有下树化蛹的习性，可在树干周围半径 0.5 米的地面上堆集石块诱杀。

2. **黑光灯诱杀**　利用成虫的趋光性，用黑光灯诱杀成虫。

3. **药剂防治**　于幼虫发生为害初期，喷布 25% 灭幼脲胶悬剂 2 000 倍液，或 20% 除虫脲悬浮剂 2500 ~ 3 000 倍液，防治叶内幼虫和成虫；成虫集中发生期，可喷 2.5% 溴氰菊酯乳油 2 000 倍液。

十七　核桃细蛾

核桃细蛾 *Acrocercops transecta* Meyrick，又名核桃潜叶蛾，属鳞翅目细蛾科。

【分布与寄主】

分布于我国河北、山西等省核桃产区。寄主主要是核桃、山核桃、核桃楸。

【为害状】

以幼虫为害叶片，使叶片干枯造成严重为害。幼虫潜叶为害，

核桃细蛾为害叶片（1）

核桃细蛾为害叶片（2）

核桃细蛾为害叶片形成虫道

核桃细蛾幼虫为害

多于上表皮下蛀食叶肉，虫道呈不规则线状，后呈不规则形大斑，上表皮与叶肉分离呈泡状，表皮逐渐干枯呈褐色，一片叶上常有数头幼虫为害，多者有十余头，使全叶枯死。

【形态特征】

1. **成虫**　体长约 4 毫米，翅展 8 ~ 10 毫米，体银灰色。头部银白色，头顶杂有黄褐色鳞片，下唇须长而上弯，黄白色，触角丝状比前翅略长，灰黄色。复眼黑色，球形，胸背银白色。前翅基部微褐色，其余部分暗灰色，狭长成披针形，上有 3 条明显的白色带状斜纹，从前缘向后缘有 3 ~ 4 个小白斑，静止时两翅合并，背面观第 1、第 2 条斜带状纹组成 "V" 形白色斑纹。后翅狭长剑状，灰白色至灰褐色；缘毛很长，灰色。足灰白色，前足胫节密生紫褐色鳞片，后足胫节有 1 列长刺。腹部灰白色。

2. **幼虫**　圆筒形，长 5 ~ 6 毫米，体红色。头部黄褐色，前胸盾片黄褐色至淡黑色，上有暗色纵纹，胸部较宽，向后渐细，腹部 10 节。初龄幼虫淡黄白色，中胸及各腹节有不明显的暗色纹，2 龄后体变为淡橙黄色，体略扁，胸部较宽。

3. **蛹**　长约 4 毫米，黄褐色，羽化头顶黑色，翅芽上出现黑褐色斑纹。

【发生规律】

根据山西观察的记录，该虫 1 年发生 3 代。6 月中旬出现幼虫，7 月出现第 1 代成虫，8 月出现第 2 代成虫，9 月发生第 3 代成虫，此后不再见幼虫为害。幼虫老熟后脱出叶片，于枝条缝隙或叶片上吐丝结白色半透明的茧化蛹，蛹期 7 ~ 8 天，羽化时蛹体露出茧外约一半而羽化，蛹壳残留。

【防治方法】

一般采取喷药防治。幼虫为害初期喷布药剂可选 25% 灭幼脲（苏脲 1 号）胶悬剂 2 000 倍液，或 20% 除虫脲悬浮剂 2 500 ~ 3 000 倍液，防治叶内幼虫和成虫；成虫集中发生期可喷 2.5% 溴氰菊酯乳油 2 000 倍液。

十八　核桃横沟象甲

核桃横沟象甲 *Dyscerus juglans* Chao，又名核桃黄斑象甲、核桃根象甲，属鞘翅目象甲科。

【分布与寄主】

已知分布于河南西部（栾川、卢氏、洛宁、汝阳、嵩县、西峡）、陕西（商洛）、四川（绵阳、达川、苍溪、阿坝）、重庆（万州）和云南（漾濞）等核桃产区。食性单一，除为害核桃外，尚未发现为害其他树种。

【为害状】

以幼虫在核桃根际皮层为害，根皮被环剥，削弱树势，重者整株死亡。常与芳香木蠹蛾混合发生。

核桃横沟象甲幼虫为害状

【形态特征】

1. **成虫**　全体黑色，体长

核桃横沟象甲成虫

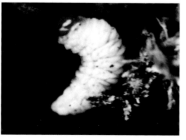

核桃横沟象甲幼虫

12 ~ 15 毫米，体宽 5 ~ 6 毫米。头管长为体长的 1/3，触角着生在头管前端，膝状。胸背密布不规则的点刻。翅鞘点刻排列整齐，翅鞘的一半处上生 3 ~ 4 丛棕褐色茸毛，近末端处着生 6 ~ 7 丛棕褐色茸毛，翅鞘末端具弧形凹陷。两足中间有明显的橘红色茸毛，跗节顶端着生尖锐刺钩 1 对。

2. **卵** 椭圆形，长 1.6 ~ 2 毫米，宽 1 ~ 1.3 毫米，初产为黄白色，逐渐变为黄色至黄褐色。

3. **幼虫** 体长 14 ~ 18 毫米。体形弯曲肥胖，多皱褶，黄白色。头部棕褐色，口器黑褐色。

4. **蛹** 黄白色，长 14 ~ 17 毫米，末端有 2 根黑褐色刚毛。

【发生规律】

2 年发生 1 代。以幼虫在根皮处越冬。老熟幼虫自 5 月下旬开始化蛹，6 月中旬为盛期，可延续到 8 月上旬。成虫自 6 月中旬开始羽化，8 月中旬结束，7 月中旬为羽化盛期。成虫寿命长达 12 个月，当年羽化成虫 8 月上旬开始产卵，8 月中旬至 10 月上旬开始越冬，停止产卵。翌年 5 月中旬又开始产卵，6 月中旬为产卵盛期，直到 8 月上旬产卵结束，逐渐死亡。幼虫生活期约为 23 个月。成虫除取食叶片外，还取食根部皮层，爬行快，飞翔力差。有假死性和弱趋光性。成虫羽化后在蛹室停留 13 天左右，先咬破皮层，停 2 ~ 3 天才爬出羽化孔。成虫补充营养期平均为 35 天，然后开始交尾产卵，并多在傍晚。卵多产于根际的裂缝和嫩根皮中，一处多产 1 粒卵，个别 2 粒。产卵前先用头管咬一个洞，调转身体，才将卵产在洞内或洞口，再转身用头管将卵送入洞内深处，最后用木屑、粪粒覆盖洞口。每头雌虫最多产卵 111 粒，平均产卵 60 粒。幼虫多集中在表土下 5 ~ 20 厘米深根际皮层为害，个别沿主根向下深达 45 厘米，部分在表土的上层浅皮层为害，多被寄生蝇寄生。虫道不规则，相互交错，虫道内充满黑色粪粒和木屑。该虫在坡底沟洼、村旁土质肥沃的地方以及生长旺盛的核桃树上为害较重。

【**防治方法**】

1.**挖土晾墒**　在春季挖开树干基部土壤晾墒，降低根部湿度，破坏幼虫生长的环境条件。

2.**阻止成虫产卵**　在成虫产卵前，挖开树干基部土层，用石灰泥封住根茎及主根，可阻止成虫产卵，此法简便易行。

3.**药剂防治**　在春季幼虫开始为害时，挖开树干基部土壤，用斧头撬开根际老皮，用80%敌敌畏乳油30倍液，或50%杀螟松乳油30倍液，重喷根部，然后封土，可大量防治根部幼虫。

十九　六棘材小蠹

　　六棘材小蠹 *Xyleborus* sp. 是国内新害虫，属鞘翅目小蠹科材小蠹属。

【分布与寄主】

　　目前仅见分布于贵州黔南地区。为害核桃。

【为害状】

　　以成虫和幼虫蛀害核桃树老枝干，隧道呈树状分枝，虫口密度大时纵横交错，蛀屑排出孔外。植株被害后，树势衰退，枝条渐失结果能力，最后濒死或枯死。

六棘材小蠹幼虫、成虫及其为害状

【形态特征】

　　1. 成虫　雌成虫圆柱形，长 2.5 ~ 2.7 毫米，宽 1.0 ~ 1.1 毫米。黑色，足和触角茶褐色。头隐前胸背板之下，复眼肾形，黑色，横生，下缘中部凹陷。鞘翅斜面弧形，起始于后端 3/5 处。斜面翅合缝、第 1 刻点沟和沟间部强纵凹，呈光滑平展的槽面。在槽面两侧的第 2 沟间部上、中、下部位，各具 1 枚短的强棘突，由上向下渐小。雄虫翅尾斜面上无凹槽，整个坡面散生细小棘粒。额面和前胸背板端着生长而后倒的黄毛。

　　2. 卵　乳白色，光滑，椭圆形，大小为 0.4 毫米 ×0.5 毫米。

3. **幼虫**　乳白色，稍扁平，长 2.8 ~ 3.0 毫米，宽 0.8 ~ 0.9 毫米。无足，体略弯曲。上颚茶褐色，额面疏生黄色刚毛，中央具 1 条纵凹沟。各体节疏生成黄色短刚毛，背面多皱，被 2 条横沟分成 3 个步泡突。

4. **蛹**　乳白色，临羽化时淡黄褐色，长 2.5 ~ 2.8 毫米，宽 1.1 ~ 1.2 毫米。背面观前胸背板后缘两侧各生 4 根褐色刚毛。腹面观两触角呈"八"字形，贴于前足腿节上，前足和中足外露，向胸部抱曲，但相隔距离较宽而不触握。

【发生规律】

1 年发生 4 代，以成虫、幼虫和蛹越冬，世代重叠严重。越冬代成虫 3 月中旬从内层坑道向外层转移，4 月上中旬择植株新部位、新枝干或另寻新寄主筑坑产卵。每坑长 1 ~ 2 厘米，卵 10 ~ 20 粒聚产在隧道端部。幼虫孵化后斜向或侧向蛀食。成虫产卵期较长，新一代成虫出现后老虫仍不断产卵孵化，故虫道网中经常剖见 4 个虫态。自然界中各代成虫出现的高峰期分别为 5 月上中旬，7 月中下旬，8 月下旬至 9 月上旬，10 月中下旬。11 月下旬进入越冬，潜息于深层坑道中。成虫飞翔力弱，近距离扩散为害，晴暖日喜爬行于孔口外或尾露出孔口，将坑道内的粪屑排出，树皮外常散挂一层屑粉。随时间的延长，外层坑道壁上被真菌侵染而使坑道壁呈黑色，并不断向内层蔓延，此时成虫便不再产卵，弃坑外迁。

【防治方法】

1. **农业防治**　冬季结合修剪，清除虫蛀枝集中深埋，杀灭越冬虫源。夏季用长竹钩竿钩断生长衰弱和不结果的濒死枯枝；增施氮肥，促进营养生长，保持旺势，减少成虫趋害。

2. **药剂防治**　用残效期长的杀虫剂，在越冬代成虫咬坑产卵期，喷雾枝干树皮至湿透，触杀成虫。

二十　云斑天牛

　　云斑天牛 *Batocera horsfieldi* Hope，又名核桃大天牛、多斑白条天牛，属于鞘翅目天牛科，是一种危害很大的农林业害虫。

【分布与寄主】

　　本虫分布较广，在我国各地均有发生。国内以长江流域以南地区受灾最为严重。主要为害核桃、苹果、梨等果树及桑、柳、栎、榆等树木。

【为害状】

　　幼虫先在树皮下蛀食皮层、韧皮部，后逐渐深入木质部蛀成粗大的纵向的或斜向的隧道，破坏输导组织；树干被害后流出黑水，蛀孔常有排出的粪便和木屑，树干被蛀空而使全树衰弱或枯死，成虫啃食新枝嫩皮，使新枝枯死。树木严重受害时整枝或整株枯死。

云斑天牛为害状

云斑天牛幼虫

【形态特征】

1. **成虫** 体长 57 ~ 97 毫米，体灰黑色。前胸背板有 2 个肾形白斑，小盾片白色，鞘翅基部密布黑色瘤状颗粒，鞘翅上有大小不等的白斑，似云片状。体两侧从复眼后方至最后 1 节有 1 条白带。

2. **卵** 长椭圆形，略弯曲，长 8 ~ 9 毫米，淡土黄色。

3. **幼虫** 体长 74 ~ 87 毫米，黄白色，略扁。前胸背板橙黄色，有黑色刻点，两侧白色，有半月牙形橙黄色斑块。后胸及腹部 1 ~ 7 节背面和腹面分别有"口"字形骨化区。

4. **蛹** 褐色。

【发生规律】

2 年发生 1 代，以成虫或幼虫在树干内过冬。在陕西、河南等地，成虫于 5 月下旬开始钻出，啃食核桃当年生枝条的嫩皮，为害 30 ~ 40 天，之后开始交尾、产卵。成虫寿命最长达 3 个月。卵多产在树干离地面 2 米以内处。产卵时在树皮上咬成长形或椭圆形刻槽，将卵产于其中，一处产卵 1 粒。卵经 10 ~ 15 天孵化。幼虫孵化后，先在皮层下蛀成三角形蛀痕，幼虫入孔处有大量粪屑排出，树皮逐渐外胀纵裂，被害状极为明显。幼虫在边材为害一定时期，即钻入心材，在虫道越冬。翌年 8 月在虫道顶端做蛹室化蛹，9 月羽化为成虫，即在其中越冬。第 3 年核桃树发枝后，成虫从枝干上咬一圆孔钻出。每只雌虫产卵 20 粒左右。

【防治方法】

于成虫发生期，利用成虫趋光性、不喜飞翔、行动慢、受惊后发出声音等特点，在 5 ~ 6 月及时捕杀成虫，消灭在产卵之前。成虫产卵后，如发现有产卵刻槽，及时消灭卵或初孵幼虫。幼虫为害期，发现树干上有粪屑排出时，用刀将树皮剥开挖出幼虫。可从虫孔注入 50% 敌敌畏 100 倍液，也可塞入磷化铝片，每孔剂量 0.2 ~ 0.3 克（每片 0.6 克，即 1/3 ~ 1/2 片），塞后用黏泥封闭。

二十一　核桃小吉丁虫

核桃小吉丁虫 *Agrilus* sp.，属鞘翅目吉丁虫科。

【分布与寄主】

本虫是我国近几年发现的为害核桃的主要害虫。1971 年首先在陕西商洛核桃产区发现，后来陕西秦岭山区关中各产区也有发生。在山西、甘肃、河北、河南、山东也有分布。目前仅为害核桃。

【为害状】

以幼虫在枝干皮层中蛀食，受害处树皮变黑褐色，蛀道螺旋形，蛀道上每隔一段距离有 1 个新月形通气孔，并有少许褐色液体流出，干后呈白色物质附在裂口上。受害严重的枝条，叶片枯黄早落，翌年春枝条大部分枯死，造成大量的枯枝。幼树主干受害严重时，整株枯死。受害严重地区被害株率达 90% 以上，幼树有 10% 死亡率，成年树减产 75%。

【形态特征】

1. **成虫**　体黑色，有金属光泽，菱形，雌虫体长 6 ~ 7 毫米，雄虫体长 4 ~ 5 毫米。体宽约 1.8 毫米，头中部有纵凹陷，触角锯齿状，复眼黑色。前胸背板中部稍隆起，头、前胸背板及翅鞘上密布刻点。

2. **卵**　初产为白色，1 天后变为黑色，扁椭圆形，长约 1.1 毫米。幼虫体乳白色，老幼虫体长 12 ~ 20 毫米，扁平，头棕褐色，缩于前胸内，前胸特别膨大，中部有"人"字形纵纹，尾部

核桃小吉丁虫为害枝形成蛀道

核桃小吉丁虫为害状

核桃小吉丁虫幼虫蛀害枝条

核桃小吉丁虫蛀害致整园枯萎

核桃小吉丁虫蛀害枝条蛀道的新月形通气孔

核桃小吉丁虫蛀害枝条致其枯萎

有 1 对褐色尾铗。

3.**蛹** 为裸蛹，初为乳白色，羽化前为黑色，体长约 6 毫米。

【**发生规律**】

1 年发生 1 代，以幼虫在木质部过冬。据在陕西商洛地区观察，翌年春 4 月中旬开始化蛹，6 月底为化蛹终期，蛹期

16～39 天，平均 28 天。成虫自 5 月上旬开始羽化，6 月上旬为羽化盛期。6 月中旬至 7 月底，6 月下旬至 7 月初为卵孵化盛期。8 月下旬幼虫开始过冬，10 月底大部分幼虫进入木质部越冬。成虫羽化后需在蛹室停留 15 天左右，然后咬破皮层外出。经过 10～15 天补充营养期，方能交尾产卵。卵散产，多产在叶痕和叶痕边沿处。幼树树干和成树的光皮上也可产卵。当年生的绿枝不产卵。成虫喜光，树冠外围枝条产卵多。生长弱、枝叶少、透光好的树受害重，枝叶繁茂、生长旺盛的树受害轻。成虫寿命 12～33 天，平均 35 天。卵期约 10 天，幼虫孵化后蛀入皮层为害。随着虫龄的增长，逐渐深入皮层和木质部间为害，蛀道多由下部围绕枝条螺旋形向上为害，蛀道宽 1～2 毫米，直接破坏输导组织。树势强，受害轻，蛀道常能愈合，如果树势弱，蛀道多不能愈合。幼虫严重为害期在 7 月下旬至 8 月下旬。被害枝表现不同程度的黄叶和落叶现象，这样的枝条不能安全过冬，这些枯梢翌年又为黄须球小蠹幼虫提供了良好的营养条件，从而又加速了枝条干枯。

【防治方法】

1.**加强管理**　加强秋末早春施肥，春旱适时浇水等，促进树势旺盛，提高抗虫力。

2.**剪除虫梢**　结合采收核桃，将受害叶片枯黄的枝条彻底剪除，或在发芽后羽化前剪除枯黄枝条，不能在核桃树休眠期剪枝，以防引起伤流。

3.**药剂防治**　幼树被害时，可在 7～8 月经常检查，发现枝干被害可在虫疤处涂抹煤油敌敌畏。

二十二　铜绿丽金龟

铜绿丽金龟 *Anomala corpulenta* Motschulsky，别称铜绿金龟子、青金龟子、淡绿金龟子，属鞘翅目丽金龟科，因成虫体背铜绿色，具金属光泽，故名铜绿丽金龟，对农业危害较大。

【分布与寄主】

本种在我国东北、华北、华中、华东、西北等地均有发生。寄主有苹果、山楂、海棠、梨、杏、桃、李、梅、柿、核桃、醋栗、草莓等。

【为害状】

成虫取食叶片，常造成大片幼龄果树叶片残缺不全，甚至全树叶片被吃。

铜绿丽金龟为害状

铜绿丽金龟及其为害状

【形态特征】

1. **成虫**　体长 19 ～ 21 毫米，触角黄褐色，鳃叶状。前胸背板及鞘翅铜绿色具闪光，上面有细密刻点。鞘翅每侧具 4 条纵脉，肩部具疣突。前足胫节具 2 个外齿，前、中足大爪分叉。

2. **卵**　光滑，呈椭圆形，乳白色。

3. **蛹**　体长约 20 毫米，宽约 10 毫米，椭圆形，裸蛹，土黄色，雄性末节腹面中央具 4 个乳头状突起，雌性则平滑，无此突起。

4. **幼虫**　老熟幼虫体长约 32 毫米，头宽约 5 毫米，体乳白色，头黄褐色，近圆形，前顶刚毛每侧各为 8 根，成一纵列；后顶刚毛每侧 4 根，斜列。额中刚毛每侧 4 根。肛腹片后部覆毛区的刺毛列，每列各由 13 ～ 19 根长针状刺组成，刺毛列的刺尖常相遇。

【发生规律】

在北方 1 年发生 1 代，以老熟幼虫越冬。翌年春季越冬幼虫上升活动，5 月下旬至 6 月中下旬为化蛹期，7 月上中旬至 8 月是成虫发育期，7 月上中旬是产卵期，7 月中旬至 9 月是幼虫为害期，10 月中旬后陆续进入越冬。少数以 2 龄幼虫，多数以 3 龄幼虫越冬。幼虫在春、秋两季为害最烈。

成虫有趋光性和假死性，昼伏夜出，产卵于土中。幼虫在土壤中钻蛀，破坏农作物或植物的根部。

成虫羽化出土迟早与 5 ～ 6 月温湿度的变化有密切关系，此间雨量充沛，出土则早，盛发期提前。成虫白天潜伏，黄昏出土活动、为害，交尾后仍取食，午夜以后逐渐潜返回土中。

【防治方法】

1. **药剂防治**　在成虫发生期树冠喷布 50% 杀螟硫磷乳油 1 500 倍液，或 50% 辛硫磷乳油 1 500 倍液。也可表土层施药。在树盘内或园边杂草内施 75% 辛硫磷乳剂 1 000 倍液，施后浅锄入土，可毒杀大量潜伏在土中的成虫。

2. **人工防治**　利用成虫假死习性，早晚振落捕杀成虫。在成虫发生期，可实行人工捕杀成虫；春季翻树盘也可消灭土中的幼虫。

　　3. 诱杀成虫　　当成虫大量发生时，利用成虫趋光性，于黄昏后在果园边缘点火诱杀，有条件的果园可利用黑光灯大量诱杀成虫。

二十三　斑衣蜡蝉

斑衣蜡蝉 *Lycorma delicatula*（White），又名花娘子、红娘子、花媳妇、椿皮蜡蝉、斑衣、樗鸡等，属半翅目蜡蝉科。

【分布与寄主】

本虫在国内河北、北京、河南、山西、陕西、山东、江苏、浙江、安徽、湖北、广东、云南、四川等省（市）有分布；国外越南、印度、日本等国也有分布。为害核桃、葡萄、苹果、杏、桃、李、猕猴桃、海棠、樱花、刺槐等多种果树和经济林木。

【为害状】

成虫和若虫常群栖于树干或树叶上，以叶柄处最多。吸食果树的汁液。嫩叶受害后常造成穿孔，受害严重的叶片常破裂，也容易引起落花落果。成虫和若虫吸食树木汁液后，对其糖分不能完全利用，从肛门排出排泄物往往招致霉菌繁殖，引起树皮枯裂，严重时致使果树死亡。

斑衣蜡蝉雌雄成虫

斑衣蜡蝉高龄若虫

斑衣蜡蝉为害核桃树枝干

斑衣蜡蝉卵块

斑衣蜡蝉高龄若虫在核桃树枝条背面为害，致叶色变黄

【形态特征】

1. **成虫** 雌虫体长 15～20 毫米，翅展 38～55 毫米。雄虫略小。前翅长卵形，革质，前 2/3 为粉红色或淡褐色，后 1/3 为

灰褐色或黑褐色，翅脉白色呈网状，翅面均杂有大小不等的 20 余个黑点。

2. 卵　圆柱形，长 2.5 ~ 3 毫米，卵粒平行排列成行，数行成块，每块有卵 40 ~ 50 粒不等，上面覆有灰色土状分泌物，卵块的外形像一块土饼，并黏附在附着物上。

3. 若虫　扁平，初龄若虫黑色，体上有许多小白斑，头尖，足长。4 龄若虫体背呈红色，两侧出现翅芽，停立如鸡。末龄若虫红色，其上有黑斑。

【发生规律】

1 年发生 1 代，以卵越冬。在山东 5 月下旬开始孵化，在陕西武功 4 月中旬开始孵化，在南方地区其孵化期提早到 3 月底或 4 月初。寄主不同，卵的孵化率差别较大，产于臭椿树上的卵，其孵化率高达 80%，产于槐树、榆树上的卵，其孵化率只有 2% ~ 3%。若虫常群集在核桃等寄主植物的幼茎、嫩叶背面，以口针刺入寄主植物叶脉内或嫩茎中吸取汁液，受惊吓后立即跳跃逃避，迁移距离为 1 ~ 2 米。蜕皮 4 次后，于 6 月中旬羽化为成虫。为害也随之加剧。到 8 月中旬开始交尾产卵，交尾多在夜间，卵产于树干向南处，或树枝分叉阴面。卵呈块状，排列整齐，卵外附有粉状物。

【防治方法】

1. 人工防治　冬季进行合理修剪，把越冬卵块压碎，以除卵为主，从而减少虫源。

2. 药剂防治　在若虫和成虫大发生的夏秋天，喷洒 50% 敌敌畏乳剂 1 000 倍液，或 90% 晶体敌百虫 1 200 倍液，或 50% 马拉硫磷乳剂 1 500 倍液，均有较好的防治效果。

二十四 小绿叶蝉

小绿叶蝉 *Empoasca flavescens*（Fab.），又名桃小绿叶蝉、桃小浮尘子，属同翅目叶蝉科。

【分布与寄主】

国内大部分省（市、区）均有分布；国外日本、朝鲜、印度、斯里兰卡、俄罗斯及欧洲、非洲、北美洲有发生。为害桃、杏、李、樱桃、梅、核桃、苹果、梨、葡萄等果树及禾本科、豆科等植物。

【为害状】

以成、若虫吸食汁液为害。早期吸食花蕾、花瓣，落花后吸食叶片，被害叶片出现失绿的白色斑点，严重时全树叶片呈苍白色，提早落叶，使树势衰弱。过早落叶，有时还会造成秋季开花，

小绿叶蝉绿色若虫

小绿叶蝉若虫和蚜虫

小绿叶蝉为害核桃叶片叶面斑点状失绿白斑

严重影响来年的开花结果。

【形态特征】

1. **成虫**　体长 3.3 ~ 3.7 毫米，淡黄绿色至绿色。复眼灰褐色至深褐色，无单眼。触角刚毛状，末端黑色。前胸背板、小盾片浅鲜绿色，常具白色斑点。前翅半透明，略呈革质，淡黄白色，周缘具淡绿色细边。

2. **卵**　长椭圆形，略弯曲，长径 0.6 毫米，短径 0.15 毫米，乳白色。

3. **若虫**　体长 2.5 ~ 3.5 毫米，与成虫相似。

【发生规律】

1 年发生 4 ~ 6 代，以成虫在落叶、树皮缝、杂草或低矮绿色植物上越冬，翌年春桃、李、杏发芽后出蛰，飞到树上刺吸汁液，经取食后交尾产卵，卵多产在新梢或叶片主脉里。卵期 5 ~ 20 天，若虫期 10 ~ 20 天，非越冬成虫寿命 30 天；完成 1

个世代要 40 ~ 50 天。因发生期不整齐致世代重叠。6 月虫口数量增加，8 ~ 9 月虫口最多且为害重。秋后以末代成虫越冬。成虫、若虫喜白天活动，在叶背刺吸汁液或栖息。成虫善跳，可借风力扩散，旬均温 15 ~ 25℃适宜生长发育，28℃以上及遇连阴雨天气虫口密度下降。

【防治方法】

1. **农业防治**　修剪清园，秋冬季节彻底清除落叶、铲除杂草，清除越冬成虫。成虫出蛰前及时刮除翘皮，清除落叶及杂草，减少越冬虫源。

2. **药剂防治**　可采用 25% 噻嗪酮可湿性粉剂 2 000 倍液，或 10% 吡虫啉可湿性粉剂 1 500 倍液，或 50% 丁醚脲悬浮剂 2 000 ~ 3 000 倍液进行叶面喷雾防治。也可选用醚菊酯、高效氯氟氰菊酯、联苯菊酯、茚虫威、虫螨腈、藜芦碱、苦参碱、印楝素、球孢白僵菌等。

二十五　核桃黑斑蚜

核桃黑斑蚜 *Chromaphis juglandicola* Kaltenbach，属半翅目斑蚜科。

【分布与寄主】

核桃黑斑蚜是 1986 年以来先后在辽宁、山西、北京、河南等地发现的核桃新害虫。国外分布于中亚、中东、非洲、丹麦、瑞典、西班牙、英国、德国、波兰与北美洲。寄主为核桃属植物。

【为害状】

以成、若蚜在核桃叶背及幼果上刺吸为害。

【形态特征】

1. **若蚜**　1 龄若蚜体长 0.53 ~ 0.75 毫米，长椭圆形，胸部和腹部 1 ~ 7 节背面每节有 4 个灰黑色椭圆形斑，第 8 腹节背面中央有 1 个较大横斑。3 龄、4 龄若蚜灰黑色斑消失，腹管环形。

2. **有翅孤雌蚜成蚜**　体长 1.7 ~ 2.1 毫米，淡黄色，尾片近

核桃黑斑蚜有翅雄蚜

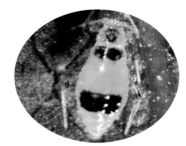

核桃黑斑蚜无翅雌蚜

核桃黑斑蚜有翅蚜

核桃黑斑蚜在叶背为害状

圆形。3龄、4龄若蚜在春秋季腹部背面每节各有1对灰黑色环形腹管。

3. **雌成蚜** 体长1.6~1.8毫米，无翅，淡黄绿色至橘红色。头和前胸背面有淡褐色斑纹，中胸有黑褐色大斑。腹部第3~5节背面有1个黑褐色大斑。

4. **雄成蚜** 体长1.6~1.7毫米，头胸部灰黑色，腹部淡黄色。

第 4、第 5 腹节背面各有 1 对椭圆形灰黑色横斑。腹管短截锥形，尾片上有毛 7 ～ 12 根。

5.**卵**　长 0.5 ～ 0.6 毫米，长卵圆形，初产时黄绿色，后变黑色，光亮，卵壳表面有网纹。

【**发生规律**】

在山西省每年发生 15 代左右，以卵在枝杈、叶痕、树皮缝中越冬。翌年 4 月中旬越冬卵孵化盛期，孵出的若蚜在卵旁停留约 1 小时后，开始寻找膨大树芽或叶片刺吸取食。4 月底 5 月初干母若蚜发育为成蚜，孤雌卵胎生有翅孤雌蚜，有翅孤雌蚜 1 年发生 12 ～ 14 代，不产生无翅蚜。成蚜较活泼，可飞散至邻近树上。成蚜、若蚜均在叶背及幼果为害。8 月下旬至 9 月初开始产生性蚜，9 月中旬性蚜大量产生，雌蚜数量是雄蚜的 2.7 ～ 21 倍。交尾后，雌蚜爬向枝条，选择合适部位产卵，以卵越冬。

【**防治方法**】

1.**药剂防治**　1 年有两个为害高峰，分别在 6 月和 8 月中下旬至 9 月初。在此两个高峰前每复叶蚜量达 50 头以上时，喷洒 50% 抗蚜威可湿性粉剂 5 000 倍液，或 10% 吡虫啉 3 000 倍液，或 10% 氯噻啉可湿性粉剂 5 000 倍液，或 10% 烯啶虫胺可溶性液剂 5 000 倍液，有很好的防治效果。

2.**保护天敌**　核桃黑斑蚜的天敌主要有七星瓢虫、异色瓢虫、大草蛉等，应注意保护利用。

二十六 绿盲蝽

绿盲蝽 *Lygocoris lucorum* (Meyer Dur.)，属半翅目盲蝽科。

【分布与寄主】

本虫分布几遍全国各地。杂食性害虫，寄主有棉花、核桃、桑、枣树、葡萄、桃、麻类、豆类、玉米、马铃薯、瓜类、苜蓿、药用植物、花卉、蒿类、十字花科蔬菜等。

【为害状】

以成虫和若虫通过刺吸式口器吮吸核桃树幼嫩器官的汁液。被害幼叶最初出现细小黑褐色坏死斑点，叶长大后形成无数孔洞，叶缘开裂，严重时叶片扭曲皱缩，芽叶伸展后，叶面呈现不规则的孔洞，叶缘残缺破烂。

核桃绿盲蝽为害叶片呈现孔洞

绿盲蝽高龄若虫

【形态特征】

1. **成虫** 体长 5 毫米，宽 2.2 毫米，绿色，体密被短毛。头部三角形，黄绿色，前翅膜质半透明，暗灰色，余绿色。足黄绿色。

2. 卵   长 1 毫米，黄绿色，长口袋形，卵盖奶黄色，中央凹陷，两端突起，边缘无附属物。

3. 若虫   共 5 龄，与成虫相似。初孵时绿色，复眼桃红色。2 龄黄褐色，3 龄出现翅芽，5 龄后全体鲜绿色，密被黑细毛；触角淡黄色，端部色渐深。眼灰色。

【**发生规律**】

北方 1 年发生 3 ~ 5 代，山西运城 1 年发生 4 代，陕西泾阳、河南安阳 1 年发生 5 代，江西 1 年发生 6 ~ 7 代，在长江流域 1 年发生 5 代，华南地区 1 年发生 7 ~ 8 代。绿盲蝽有趋嫩为害习性及喜在潮湿条件下发生。5 月上旬出现成虫，开始产卵，产卵期长达 19 ~ 30 天，卵孵化期 6 ~ 8 天。成虫寿命最长，最长可达 45 天，9 月下旬开始越冬。

翌春 3 ~ 4 月中旬均温高于 10℃或连续 5 天均温达 11℃，相对湿度高于 70%，卵开始孵化。第 1、2 代多生活在紫云英、苜蓿等绿肥田中。发生期不整齐。成虫飞行力强，喜食花蜜，羽化后 6 ~ 7 天开始产卵。果树上以春、秋两季受害重。主要天敌有寄生蜂、草蛉、捕食性蜘蛛等。

绿盲蝽喜趋嫩为害，爬行敏捷，成虫善于飞翔。晴天白天多隐匿于草丛内，早晨、夜晚和阴雨天爬至芽叶上活动为害，频繁刺吸芽内汁液，1 头若虫一生可刺吸 1 000 多次。

【**防治方法**】

1. 清洁果园   结合果园管理，春前清除杂草。果树修剪后，应清理剪下的枝梢。

2. 农药防治   抓住第 1 代低龄期若虫，适时喷洒农药，喷药防治时，结合虫情测报，在若虫 3 龄以前用药效果最好，7 ~ 10

天喷 1 次，每代需喷药 1 ~ 2 次。生长期有效药剂有 10%吡虫啉悬浮剂 2 000 倍液，3%啶虫脒乳油 2 000 倍液，1.8%阿维菌素乳油 3 000 倍液，48%毒死蜱乳油或可湿性粉剂 1 500 倍液，25%氯氰·毒死蜱乳油 1 000 倍液，4.5%高效氯氰菊酯乳油或水乳剂 2 000 倍液，2.5%高效氟氯氰菊酯乳油 2 000 倍液，20%甲氰菊酯乳油 2 000 倍液等。药剂防治要群防群治，统一用药效果好，以免害虫飞散。

二十七　麻皮蝽

麻皮蝽 *Erthesina fullo*（Thunberg），别名黄斑蝽，属半翅目蝽科。

【分布与寄主】

本虫分布在我国南北方各地。寄主有核桃、梨、柑橘、海棠、梅、石榴、樱桃、柿、苹果、龙眼、葡萄、草莓、枣等。

【为害状】

成虫、若虫刺吸寄主植物的嫩茎、嫩叶和果实汁液。叶片和嫩茎被害后，出现黄褐色斑点，叶脉变黑，叶肉组织颜色变暗，严重者导致叶片提早脱落、嫩茎枯死。

【形态特征】

1. **成虫**　体长 18 ～ 24.5 毫米，宽 8 ～ 11.5 毫米，体稍宽大，密布黑色点刻，背部棕黑褐色，由头端至小盾片中部具 1 条黄白色或黄色细纵脊；前胸背板、小盾片、前翅革质部布有不规则细碎黄色凸起斑纹；腹部侧接缘节间具小黄斑；前翅膜质部黑色。头部稍狭长，前尖，侧叶和中叶近等长，头两侧有黄白色细脊边。复眼黑色。

2. **卵**　近鼓状，顶端具盖，周缘有齿，灰白色，不规则块状，数粒或数十粒粘在一起。

3. **若虫**　老熟若虫头端至小盾片具 1 条黄色或微现黄红色细纵线。触角 4 节，黑色，第 4 节基部黄白色。前胸背板、小盾片、

麻皮蝽成虫

麻皮蝽高龄若虫

翅芽暗黑褐色。前胸背板中部具 4 个横排淡红色斑点，内侧 2 个稍大；小盾片两侧角各具淡红色稍大斑点 1 个，与前胸背板内侧的 2 个排成梯形。足黑色。腹部背面中央具纵裂暗色大斑 3 个，每个斑上有横排淡红色臭腺孔 2 个。

【发生规律】

1 年发生 1 代，以成虫于草丛或树洞、皮裂缝及枯枝落叶下及墙缝、屋檐下越冬。翌春草莓或果树发芽后开始活动，5 ~ 7 月交尾产卵，卵多产于叶背，卵期约 10 天，5 月中下旬可见初孵若虫。7 ~ 8 月羽化为成虫，为害至深秋，10 月开始越冬。成虫飞行力强，喜在树体上部活动，有假死性，受惊扰时分泌臭液。

【防治方法】

1. 清洁果园　秋冬清除杂草，集中深埋。

2. 人工捕杀　成虫、若虫为害期，清晨振落捕杀，在成虫产卵前进行较好。

3. 药剂防治　在成虫产卵期和若虫期，喷洒 2.5% 溴氰菊酯乳油 3 000 倍液。

二十八　茶翅蝽

茶翅蝽 *Halyomorpha halys*（Stal），又名臭木椿象、茶翅椿象，俗称臭大姐等，属半翅目蝽科。

【分布与寄主】

分布较广，东北、华北地区及山东、河南、陕西、江苏、浙江、安徽、湖北、湖南、江西、福建、广东、四川、云南、贵州、台湾等省均有发生，仅局部地区为害较重。食性较杂，可为害核桃、梨、苹果、海棠、桃、李、杏、樱桃、山楂、无花果、石榴、柿、梅、柑橘等果树和榆、桑、丁香、大豆等树木和作物。

【为害状】

以成虫和若虫吸食嫩叶、嫩茎和果实的汁液，严重时叶片枯黄，提早落叶，树势虚弱。

茶翅蝽成虫

茶翅蝽刚孵化的若虫

【形态特征】

1. **成虫**　体长 15 毫米左右，宽 8 ～ 9 毫米，扁椭圆形，灰褐色略带紫红色。触角丝状，5 节，褐色，第 2 节比第 3 节短，第 4 节两端黄色，第 5 节基部黄色。复眼球形，黑色。前胸背板、小盾片和前翅革质部布有黑褐色刻点，前胸背板前缘有 4 个黄褐色小点横列。小盾片基部有 5 个小黄点横列，腹部两侧各节间均有 1 个黑斑。

2. **卵**　常 20 ～ 30 粒并排在一起，卵粒短圆筒状，形似茶杯，灰白色，近孵化时呈黑褐色。

3. **若虫**　与成虫相似，无翅，前胸背板两侧有刺突，腹部各节背面中部有黑斑，黑斑中央两侧各有 1 个黄褐色小点，各腹节两侧间处均有 1 个黑斑。

【发生规律】

1 年发生 1 代，以成虫在空房、屋角、檐下、草堆、树洞、石缝等处越冬。翌年出蛰活动时期因地而异，北方果产区一般从 5 月上旬开始陆续出蛰活动，飞到果树、林木及作物上为害，6 月产卵，多产于叶背。7 月上旬开始陆续孵化，初孵若虫喜群集于卵块附近为害，而后逐渐分散，8月中旬开始陆续老熟羽化为成虫，成虫为害至9月寻找适当场所越冬。

河北省北部越冬成虫5月中旬开始出现，先为害桑树，然后转为害柿树，于6月上旬转到核桃树上为害，并产卵繁殖，6月中旬至8月中旬为产卵期，卵期10～15天，若虫相继发生，至7月中旬以后陆续羽化为成虫。以7～8月上旬果实受害最重。9月下旬开始，成虫陆续越冬。

【防治方法】

此虫寄主多，越冬场所分散，给防治带来一定的困难，目前应以药剂为主结合其他措施进行防治。

1. 人工防治　成虫越冬期进行捕捉，生长期结合管理，随时摘除卵块及初孵化的群集若虫。

2. 药剂防治　6月上中旬茶翅蝽集中到果园，正处在产卵前期，是防治的关键时机，喷药细致周到，可收到很好防效。可喷施20%氰戊菊酯2 000倍液或40%毒死蜱1 500倍液等。

二十九　点蜂缘蝽

点蜂缘蝽 *Riptortus pedestris*（Fabricius），属半翅目缘蝽科。

【分布与寄主】

分布在浙江、江西、广西、四川、贵州、云南等省（区）。寄主广泛，主要有豆科植物，亦为害多种果树。

【为害状】

成虫和若虫刺吸植株嫩茎、嫩叶、花的汁液。被害叶片初期出现点片不规则的黄点或黄斑，后期一些叶片因营养不良变成紫褐色，严重的叶片部分或整叶干枯，出现不同程度、不规则的孔洞。

点蜂缘蝽成虫

【形态特征】

1. **成虫**　体长 15～17 毫米，宽 3.6～4.5 毫米，狭长，黄褐色至黑褐色，被白色细茸毛。头在复眼前部成三角形，后部细缩如颈。前胸背板及侧板具许多不规则的黑色颗粒，前胸背板前叶向前倾斜，前缘具领片，后缘有 2 个弯曲，侧角成刺状。小盾片三角形。前翅膜片淡棕褐色，稍长于腹末。腹部侧接缘稍外露，黄黑相间。足与体同色，胫节中段色淡，后足腿节粗大，有黄斑，腹面具 4 个较长的刺和几个小齿，基部内侧无突起，后足胫节向背面弯曲。腹下散生许多不规则的小黑点。

2. **卵**　长约 1.3 毫米，宽约 1 毫米。半卵圆形，附着面弧状，上面平坦，中间有 1 条不太明显的横形带脊。

3. **若虫**　1～4 龄体似蚂蚁，5 龄体似成虫，仅翅较短。各龄体长：1 龄 2.8～3.3 毫米，2 龄 4.5～4.7 毫米，3 龄 6.8～8.4 毫米，4 龄 9.9～11.3 毫米，5 龄 12.7～14 毫米。

【发生规律】

在江西南昌 1 年发生 3 代，以成虫在枯枝落叶和草丛中越冬。翌年 3 月下旬开始活动，4 月下旬至 6 月上旬产卵。第 1 代若虫于 5 月上旬至 6 月中旬孵化，6 月上旬至 7 月上旬羽化为成虫，6 月中旬至 8 月中旬产卵。第 2 代若虫于 6 月中旬末至 8 月下旬孵化，7 月中旬至 9 月中旬羽化为成虫，8 月上旬至 10 月下旬产卵。第 3 代若虫于 8 月上旬末至 11 月初孵化，9 月上旬至 11 月中旬羽化为成虫，并于 10 月下旬以后陆续越冬。卵多散产于叶背、嫩茎和叶柄上，少数 2 粒在一起，每雌虫产卵 21～49 粒。成虫和若虫极活跃，早、晚温度低时稍迟钝。

【防治方法】

1. **清洁田园**　冬季结合积肥，清除田间枯枝落叶和杂草，及时沤制或焚烧。可消除部分越冬成虫。

2.药剂防治 在点蜂缘蝽低龄期，于上午 9 ~ 10 时或下午 4 ~ 5 时，用 10% 吡虫啉可湿性粉剂 4 000 倍液，或 5% 啶虫脒乳油 3 000 倍液，或 3% 阿维菌素乳油 5 000 倍液，或 5% 高效氯氰菊酯乳油 2 000 倍液，喷雾防治。

三十　桑白蚧

桑白蚧 *Pseudaulacaspis pentagona* Targioni，又名桑盾蚧、桑介壳虫、桃介壳虫等，属同翅目盾蚧科。

【分布与寄主】

本虫在国内分布较广，我国南北方均有发生，是南方桃树和李树以及北方果产区的一种主要害虫。在果树上以核果类发生普遍，局部地区为害核桃树较严重。

【为害状】

以雌成虫和若虫群集固着在枝干上吸食养分，偶有在果实和叶片上为害，严重时介壳密集重叠，整个树枝树干变白色，削弱树势，甚至枝条或全株死亡。

桑白蚧

【形态特征】

1. **成虫**　雌成虫橙黄色或橘红色，体长 1 毫米左右，宽卵圆形扁平，触角短小退化，呈瘤状，上有 1 根粗大的刚毛。雌虫介壳圆形，直径 2 ~ 2.5 毫米，略隆起有螺旋纹，灰白色至灰褐色；

桑白蚧布满核桃树干

桑白蚧为害核桃树主干

桑白蚧为害核桃幼枝

壳点黄褐色，在介壳中央偏旁。

雄成虫体长 0.65 ~ 0.7 毫米，翅展 1.32 毫米左右，橙色至橘红色，体略呈长纺锤形，眼黑色，仅有 1 对前翅，卵形，被细毛，后翅特化为平衡棒。介壳长约 1 毫米，细长，白色，背面有 3 条纵脊，壳点橙黄色，位于壳的前端。

2. 卵　椭圆形，长径 0.25 ~ 0.3 毫米，短径 0.1 ~ 0.12 毫米，初产为淡粉红色，渐变淡黄褐色，孵化前为杏红色。

3. 若虫　初孵若虫淡黄褐色，扁卵圆形，以中足和后足处最阔，体长 0.3 毫米左右。眼、触角和足俱全。触角长 5 节，足发达，能爬行。腹部末端具尾毛 2 根。两眼间有 2 个腺孔，分泌棉毛状物遮盖身体。蜕皮之后眼、触角、足、尾毛均退化或消失，开始分泌介壳，第一次蜕下的皮负于介壳上，偏一方，称壳点。

【发生规律】

每年发生代数因地而异，广东发生 5 代，浙江发生 3 代，北方各省发生 2 代。浙江各代若虫发生期：第 1 代 4 ~ 5 月，第 2 代 6 ~ 7 月，第 3 代 8 ~ 9 月。

北方各省（区）均以第 2 代受精雌虫于枝条上越冬。翌年开始为害和产卵，日期因地区而异。据在山西省太谷桃树上观察，3 月中旬前后桃树萌动之后开始吸食为害，虫体迅速膨大，4 月下旬开始产卵，4 月底 5 月初为产卵盛期，5 月上旬为产卵末期。雌虫产完卵就干缩死亡。卵期 15 天左右，5 月上旬开始孵化，5 月中旬为孵化盛期，至 6 月中旬开始羽化，6 月下旬为羽化盛期。7 月中旬开始产卵，7 月下旬为产卵盛期，7 月末为孵化盛期。若虫为害至 8 月中下旬开始羽化，8 月末为羽化盛期。交尾后雌虫继续为害至秋末、越冬。

一般新感染的植株，雌虫数量较大；感染已久的植株雄虫数量逐渐增加，严重时雄介壳密集重叠，枝条上似挂一层棉絮。

【**防治方法**】

1. **人工捕杀**　可用硬毛刷或细钢丝刷，刷掉枝干上虫体。结合整形修剪，剪除被害严重的枝条。

2. **药剂防治**　若虫分散转移分泌蜡粉介壳之前，若虫游走期（多在 5 月中下旬）是药剂防治的有利时机。可选用有机磷杀虫剂 48% 毒死蜱乳油 1 500 ~ 2 000 倍液，50% 马拉硫磷或杀螟松乳油 1 000 倍液，或 80% 敌敌畏乳油 1 500 倍液，或 10% 吡虫啉可湿性粉剂 1 500 ~ 2 000 倍液，或在介壳形成初期，用 25% 噻嗪酮可湿性粉剂 1 000 ~ 1 500 倍液，均匀喷雾。在药剂中加入 0.2% 的中性洗衣粉，可提高防治效果。

3. **生物防治**　保护和利用天敌。在 4 ~ 6 月，红点唇瓢虫大量发生时，不要使用高毒农药，可选用生物农药或噻嗪酮等。

三十一　梨圆蚧

梨圆蚧 *Quadraspidiotus perniciosus*（Comstock），又名梨枝圆盾蚧、梨笠圆盾蚧，俗称树虱子，属同翅目盾蚧科。梨圆蚧是国际植物检疫对象之一。

【分布与寄主】

国内分布普遍，局部地区为害较重。国外分布于亚洲东部、西欧、美洲、澳大利亚等。已知寄主植物达 307 种，果树中主要为害核桃、苹果、梨、枣、李、杏、桃、海棠、樱桃、梅、山楂、柿、葡萄等。

【为害状】

以成虫、若虫用刺吸式口器固定在为害果树枝干、嫩枝、叶

梨圆蚧为害核桃枝条（1）

梨圆蚧为害核桃枝条（2）

片等部位，喜群集阳面，夏季虫口数量增多时才蔓延到果实上为害。受害枝干生长发育受到抑制，常引起早期落叶，严重时树木枯死，叶片受害处变褐色，同时产生枯斑或叶片脱落。

【形态特征】

1. **成虫**　雌虫介壳扁圆锥形，直径为 1.6 ~ 1.8 毫米，灰白色或暗灰色，介壳表面有轮纹，中心鼓起似中央有尖的扁圆锥体，壳顶黄白色，虫体橙黄色，刺吸口器似丝状，位于腹面中央，腿足均已退化。雄虫体长 0.6 毫米，有膜质翅，翅展约 1.2 毫米，橙黄色，头部略淡，眼暗紫色，触角念珠状，10 节，交尾器剑状，介壳长椭圆形，约 1.2 毫米，常有 3 条轮纹，壳点偏一端。

2. **若虫**　初孵若虫约 0.2 毫米，椭圆形，淡黄色，眼、触角、足俱全，能爬行。口针比身体长，弯曲于腹面，腹末有 2 根长毛。2 龄开始分泌介壳，眼、触角、足及尾毛均退化消失。3 龄雌雄可区分开，雌虫介壳变圆，雄虫介壳变长。

【发生规律】

豫西每年发生 3 代，以 2 龄若虫在枝干上过冬。翌年春，树液流动时若虫继续为害，4 月上旬可以分辨雌雄介壳。雄虫 4 月中旬化蛹，5 月上、中旬羽化交尾；雌虫在介壳下胎生若虫，每头雌成虫一般产若虫 54～110 头。初产若虫爬到枝干、果实和叶片上，将口器刺入组织吸食汁液，并分泌蜡质绵毛，很快形成介壳。

【防治方法】

1. **加强检疫**　防止带虫苗木引进新果园。

2. **药剂防治**　果树萌芽前，对虫量较多的果园，喷布 5 波美度石硫合剂，或喷 4%～5% 煤焦油（或机油），也可喷 200 倍液洗衣粉。对点片发生的果园，冬季修剪时及时剪除受害枝梢。在越冬代和第 1 代成蚧产卵后，可在幼、若蚧虫发生盛期，用 25% 噻嗪酮可湿性粉剂 1 500～2 000 倍液喷雾。雄虫羽化和第 1 代若虫出现时，喷布 50% 毒死蜱乳油 1 000 倍液。

3. **生物防治**　其天敌梨圆蚧黄蚜小蜂（体长 0.8 毫米，土黄色，寄生率可达 17% 左右）及跳小蜂，发生期为 6～8 月。加强发芽前防治，生长季节避免使用广谱性杀虫剂，以保护天敌。梨圆蚧天敌较多，只要保护好自然天敌，一般不会造成很大损失。

三十二　山楂叶螨

山楂叶螨 *Tetranychus viennensis* Zacher，又名山楂红蜘蛛、樱桃红蜘蛛，属蛛形纲叶螨科。

【分布与寄主】

山楂叶螨国内广泛分布。主要寄主有苹果、梨、桃、核桃、李、杏、沙果、山楂、海棠、樱桃等果树。

【为害状】

山楂叶螨以刺吸式口器刺吸寄主植物绿色部分的汁液。叶受害后，呈现失绿小斑点，逐渐扩大连成片。严重时全叶苍白枯

山楂叶螨为害使叶背处失绿

山楂叶螨成虫

山楂叶螨为害叶片（1）

山楂叶螨为害叶片（2）

焦早落，山楂叶螨只在叶片背面为害，主要集中在叶脉两侧。树体轻微被害时，树体内膛叶片主脉两侧出现苍白色小点，进而扩大连成片；较重时被害叶片增多，叶片严重失绿；当虫口数量较大时，在叶片上吐丝结网，全树叶片失绿，出现失绿灰黄斑，严重时叶片枯焦并早期脱落。

【形态特征】

1. **雌成螨**　体长约0.5毫米，宽约0.3毫米，体椭圆形，深红色，体背前方隆起。

2. 雄成螨　体长约 0.4 毫米，宽约 0.2 毫米，体橘黄色，体背两侧有 2 条黑斑纹。

3. 卵　橙黄色至橙红色，圆球形，直径约 0.15 毫米。卵多产于叶背面，常悬挂于蛛丝上。

4. 幼螨　乳白色，足 3 对。

5. 若螨　卵圆形，足 4 对，橙黄色至翠绿色。

【发生规律】

1 年发生代数因地区气候等条件影响而有差异。辽宁省 1 年发生 3 ~ 6 代，河北省 1 年发生 7 ~ 10 代，甘肃省 1 年发生 4 ~ 5 代，陕西省 1 年发生 5 ~ 6 代，山东济南 1 年发生 9 ~ 10 代，河南省 1 年发生 12 ~ 13 代。由于各地温、湿度不同，个体历期也不同。在同一地区内，由于营养状况不同，不同年份气候状况不同，个体历期也有差异。每完成 1 代经历 5 个虫期，即卵期、幼螨期、前若螨期、后若螨期、成螨期。自幼螨至成虫经 3 次静止、3 次蜕皮。温度高时，发育周期短，完成 1 代需 13 ~ 21 天。

交过尾的雌成螨主要在树皮缝内越冬，当虫口密度很大时，在树下土内和枯枝、落叶、杂草内越冬。当气温上升到 10 ℃时越冬雌成螨开始活动，芽开绽期出蛰。核桃花序伸展期为出蛰盛期，出蛰期持续约 40 天，但 70% ~ 80% 集中在盛期出蛰，盛期持续 3 ~ 5 天。成虫不活泼，群集叶背面为害，并吐丝拉网，前期出蛰成螨多集中在离主枝近的膛内枝上为害，5 月下旬逐渐扩散，6 月即进入严重为害期，7 ~ 8 月繁殖最快，数量最大，为害也最重。不同地区、不同年份大量发生期可相差 20 ~ 30 天。9 月下旬开始出现越冬代成虫。

【防治方法】

1. **人工防治**　刮树皮，清除落叶，防治越冬成螨。因山楂叶螨的成螨在树下落叶或老树粗皮缝内过冬，所以应在初冬彻底清扫果园落叶并集中处理，早春树体萌动前刮去老粗皮集中处理，以防治越冬成螨。

2. **药剂防治**　果树花序分离期至初花期前和落花后 7 ~ 10 天是药剂防治的两个关键时期。首选药剂有哒螨灵、螺螨酯、溴螨酯、噻螨酮；有效药剂有四螨嗪、阿维菌素、甲氨基阿维菌素苯甲酸盐、唑螨酯、三唑锡、丁醚脲等。